全国高等职业教育计算机类规划教材
工作过程系统化教程系列

中文版 Photoshop 情境
实训教程

张小志　高欢　主编

褚建立　主审

电子工业出版社

Publishing House of Electronics Industry

北京·BEIJING

内 容 简 介

本书以 Photoshop CS4 应用为主线，根据其不同应用的特点，将其划分成 7 个模块，包括图像基本处理、图像色彩调整、图像合成、图像特效设计、图像抽取、图像自动处理、图像综合设计等。

全书以培养学生实践技能为主线，通过 34 个工作任务来组织学习，在案例的选用上注重实际应用，让学生在完成任务的过程中理解基本的概念，掌握工具的使用和各种操作技巧。学生能通过本书的学习，真正掌握实用的操作技能，为进一步成为专业的设计人员打下良好的基础。

本书内容新颖、适用面广、突出应用，既可以作为高职高专学生的教材，也可以作为平面设计人员或图像编辑爱好者自学使用的参考书。

图书在版编目（CIP）数据

中文版 photoshop 情境实训教程 / 张小志，高欢主编 . —北京：电子工业出版社，2010.8

全国高等职业教育计算机类规划教材·工作过程系统化教程系列

ISBN 978-7-121-11465-6

I . ①中… Ⅱ . ①张… ②高… Ⅲ . ①图形软件，Photoshop—高等学校：技术学校—教材 Ⅳ . ①TP391.41

中国版本图书馆 CIP 数据核字（2010）第 146015 号

策划编辑：田领红

责任编辑：田领红　　　　　特约编辑：徐　岩

印　　刷：北京季蜂印刷有限公司

装　　订：三河市皇庄路通装订厂

出版发行：电子工业出版社

　　　　　北京市海淀区万寿路 173 信箱　邮编 100036

开　　本：787×1092　1/16　印张：17.5　字数：448 千字

印　　次：2010 年 8 月第 1 次印刷

印　　数：4 000 册　　定价：32.00 元

《中文版 Photoshop 情境实训教程》编者名单

主　编：张小志　高欢

主　审：褚建立

副主编：李相臣、辛景波、李国娟

编　委：王彤、吴丽丽、陈晔桦、佟欢

前　言

Photoshop 是图像设计和处理领域的一款功能强大、易学易用的软件，深受平面设计人员和图形图像处理爱好者的喜爱。目前，国内很多高职院校计算机类专业和艺术设计类专业都开设了相关的课程，为方便教师讲授、学生学习，我们组织了几位长期从事 Photoshop 课程教学的教师和专业的平面设计人员共同编写了这本基于学习情境教学模式的教材。

本书以 Adobe 公司推出的图像处理软件 Photoshop CS4 的应用为主线，根据其不同应用的特点，将其划分成 7 个模块（7 个学习情境），包括图像简单处理、图像色彩调整、图像合成、图像特效设计、图像抽取、图像自动处理、图像综合设计等，完全通过任务来组织学习（共计 34 个工作任务），每个学习任务首先提出需要解决的问题（所要实现的效果），接着介绍解决问题所需要的相关知识，并引导学生运用相关知识解决问题，最后由教师提出新问题供学生解决。其中，

学习情境一包括 8 个学习任务，主要完成图像简单的处理任务，通过本部分的学习可以熟练掌握 Photoshop 基本工具的运用，熟悉各种基本操作等；

学习情境二包括 6 个学习任务，主要完成对图片调整色彩任务，通过本部分的学习可以掌握如何运用 Photoshop 中主要的色彩调整工具等；

学习情境三包括 5 个学习任务，主要完成运用多个素材图片完成图像合成的任务，通过本部分的学习可以掌握图层的基本操作及图层样式、图层混合模式、图层蒙版的运用等；

学习情境四包括 6 个学习任务，主要完成图像特效的设计任务，通过本部分的学习可以熟悉 Photoshop 中滤镜的作用，掌握滤镜的运用技巧等；

学习情境五包括 5 个学习任务，主要完成从现有的图片文件中抽取特定图像的任务，通过本部分的学习可以理解通道的原理和作用，掌握综合运用基本工具、通道、蒙版、快速蒙版、图层混合模式、色彩调整工具抠图的技巧等；

学习情境六包括 2 个学习任务，主要完成图像设计和图片编辑过程中自动处理的任务，通过本部分的学习可以掌握动作、批处理的创建与运用等；

学习情境七包括 2 个学习任务，主要完成复杂图像的设计任务，通过本部分的学习可以掌握如何灵活运用前面的基本知识设计出复杂的效果，为以后从事专业设计工作打下基础。

本书的编写思路非常切合当前高职高专教学模式改革的大形势，在编写的过程中结合了参编教师的教学和设计经验，适合作为新教学模式的配套教材。目前部分参编教师已经做出教学上的尝试，效果不错。

全书以培养学生实践技能为主线，让学生能通过本书的学习，掌握实际的操作技能，也能为进一步成为专业的设计人员打下良好的基础。

本书内容新颖、适用面广、突出应用，既可以作为高职高专学生的教材，也可以作为平面设计人员或图像编辑爱好者自学使用的参考书。本书配套教学资源中提供了所有案例、相关知识、练习实践所用到的素材文件及效果图，读者可以根据需要从华信教育资源网（http://www.hxedu.com.cn）免费下载。

本书由邢台职业技术学院张小志和高欢组织主编，其中张小志编写学习情境四及负责全

书的统稿，学习情景一由李国娟和游凯何负责编写，学习情境二由高欢负责编写，学习情境三由辛景波和武汉工程大学的邹君负责编写，学习情境五由吴丽丽、陈晔桦负责编写，学习情境六由佟欢负责编写，学习情境七由李相臣负责编写。全书的审校工作由褚建立教授负责。

由于编者水平有限，书中不妥之处在所难免，希望读者批评指正。

作　者

2010 年 4 月 25 日

目　　录

学习情境一　图像简单处理

教学目标

1. 熟练掌握各种基本操作；
2. 熟练掌握各种选择工具及自由变换工具的使用；
3. 熟练掌握选区的变换操作；
4. 熟练掌握填充工具的使用；
5. 熟练掌握各种修复、修补工具的使用；
6. 熟练掌握文字工具的使用；
7. 熟练掌握各种绘图工具的使用；
8. 熟练掌握钢笔工具的使用；
9. 掌握羽化命令的使用技巧。

基本工具和基本操作的熟练运用是图像设计和编辑的基础，本部分通过 8 个任务来学习各种基本工具的使用、熟悉各种基本操作，例如选择工具、文字工具、钢笔工具、修复工具等的使用。

任务 1　艺术照

任务描述

本案例通过【矩形选框工具】、【椭圆选框工具】、【自由变换工具】的运用设计出如图 1.1 所示的艺术照片效果。通过本次任务的完成，可以掌握创建规则选区的方法及羽化选区、改变图像大小的方法。

图 1.1　效果图

相关知识

1.1.1 新建文件

按【Ctrl+N】组合键将打开如图 1.2 所示的对话框，在这里可以设置新建文件的基本属性。

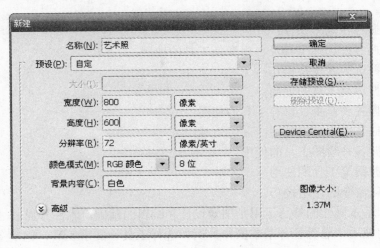

图 1.2 【新建】对话框

- ◆ 【名称】文本框：输入文件名称。
- ◆ 【预设】下拉列表框：从预设的大小中选取文档的大小。
- ◆ 【宽度】、【高度】文本框：输入数值，设置文档的宽度、高度，单位值可以选择。
- ◆ 【分辨率】文本框：设置图像的分辨率。

图像分辨率是指每英寸图像含有多少个像素，分辨率的单位为像素/英寸（英文缩写为 dpi）。图像的尺寸、图像的分辨率和图像文件的大小三者之间有着很密切的关系。图像的尺寸越大，图像的分辨率越高，图像文件也就越大。因此，调整图像的尺寸大小和分辨率也就相应地改变了图像文件的大小。

- ◆ 【颜色模式】下拉列表框：如果图像最终是印刷或打印用途，则选择 CMYK；其余用途选择 RGB 即可。灰度模式图像中不能包含色彩信息；位图模式下图像只能有黑白两种颜色。
- ◆ 【背景内容】下拉列表框：选择画布颜色选项，有白色、背景色、透明三个选项。
  - ◇ 白色：用白色填充背景图层。
  - ◇ 背景色：用当前背景色填充背景图层。
  - ◇ 透明：新建文件的第一个图层透明，不包含颜色值。

1.1.2 创建选区

在 Photoshop 中有关图像处理的操作几乎都与当前的选区有关，因为操作只对选区内的图像部分有效，对选区范围之外的图像部分不起作用。所以准确、快速地选取图像区域是一个非常重要的操作。

本部分内容主要介绍规则选区的创建工具【矩形选框工具】组的用法。【矩形选框工具】组包括【矩形选框工具】、【椭圆选框工具】、【单行选框工具】和【单列选框工具】四种。右键单击工具箱上的【矩形选框工具】按钮，会弹出下拉工具列表，可在其中选择不同的选框工具，如图1.3所示。

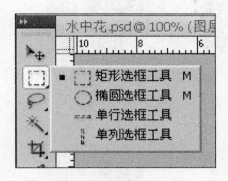

图1.3 【矩形框选工具】组下拉工具列表

1. 矩形选框工具

单击工具箱中的【矩形选框工具】按钮，可以创建一个矩形或正方形的选区范围，具体操作方法如下。

步骤1： 打开配套素材文件01/相关知识/管材.jpg，单击工具箱中的【矩形选框工具】按钮，其工具选项栏如图1.4所示。

图1.4 【矩形框选工具】的工具选项栏

步骤2： 在【矩形选框工具】的工具选项栏中进行相应参数的设置。

【矩形选框工具】的工具选项栏中的各项参数作用如下。

◆ 【新选区】按钮：用于创建新选区并替换原选区，效果如图1.5所示。

◆ 【添加到新选区】按钮：表示创建的新选区将与原选区合并成一个选区，效果如图1.6所示。一般用于扩大选区或选取较复杂的区域。

图1.5 【创建新选区】效果   图1.6 【添加到新选区】效果

◆ 【从选区减去】按钮：表示在原选区中，减去新选区与原选区相交的部分，效果如图1.7所示。一般用于缩小选区。

图 1.7 【从选区中减去】效果

◆ 【与选区交叉】按钮：表示将新创建的选区与原选区交叉的部分作为新选区，效果如图 1.8 所示。

  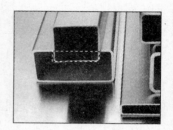

图 1.8 【与选区交叉】效果

◆ 羽化：在该文本框中通过输入数值可设置羽化大小。经过羽化后的选区边缘会产生模糊效果，如图 1.9 左图所示，羽化值为"30"，羽化的取值范围在"0~255"像素之间；图 1.9 右图是没有羽化的结果。

图 1.9 选区羽化和非羽化的比较

◆ 样式：该下拉列表框包括【正常】、【固定长宽比】和【固定大小】三个选项，各选项的含义如下。

◇ 正常：该选项是系统默认选项，用户可以不受任何约束，创建任意大小的选区。

◇ 固定长宽比：选择该选项后，将激活【宽度】和【高度】文本框，在其中分别输入比例值，来创建固定宽度和高度比例的选区。系统默认值为 1：1，如图 1.10 所示。

图 1.10 【固定比例】选项

◆　固定大小：选择该选项后，将激活【宽度】和【高度】文本框，在其中分别输入数值，来创建固定宽度和高度值的选区。宽度和高度默认值均为 64px（像素），如图 1.11 所示。

图 1.11　【固定大小】选项

2．椭圆选框工具

使用工具箱中的【椭圆选框工具】按钮 ⬭，可以选取一个椭圆形或正圆形区域。具体操作方法如下。

步骤 1：右键单击工具箱中的【矩形选框工具】按钮 ⬚，在弹出的下拉工具列表中选择【椭圆选框工具】按钮 ⬭，工具选项栏如图 1.12 所示。

图 1.12　【椭圆选框工具】的工具选项栏

步骤 2：在【椭圆选框工具】的工具选项栏中进行相应参数的设置。该工具选项栏中的参数与【矩形选框工具】的工具选项栏中的参数大致相同，只有【消除锯齿】参数是【椭圆选框工具】特有的，其作用在于消除选区边缘的锯齿，平滑选区边缘。【消除锯齿】只作用于椭圆形或圆形选区。选中与取消选中该复选框对选区边缘的影响效果如图 1.13 所示。

图 1.13　【消除锯齿】的作用

提示：在图像编辑区中的适当位置单击鼠标左键并拖动，即可创建一个椭圆选区，如图 1.14 左图所示，按住【Shift】键的同时并拖动，即可创建一个正圆形选区，如图 1.14 右图所示。

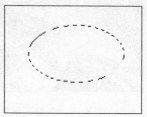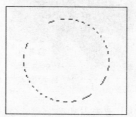

图 1.14　创建椭圆、正圆形选区

1.1.3 自由变换

有时候，图像的一些属性不合适，要改变图像的大小、形状和位置等。在 Photoshop 中，可以利用【自由变换】命令对图像进行缩放、旋转及斜切等操作。

打开配套素材文件 01/相关知识/郁金香.psd，然后选择图层"花朵"，如图 1.15 所示。按【Ctrl+T】组合键，选区将处于自由变换状态，如图 1.16 所示。在图像四周将出现一个带有控制点的定界框。在此状态下，用户可以任意改变图像的大小、位置和角度等。

图 1.15　生成选区　　　　　　　　　图 1.16　自由变换状态

【自由变换】选项栏如图 1.17 所示。

X: 511.0 px　Y: 211.0 px　W: 120.5%　H: 119.8%　-11.4 度　H: 4.0 度　V: 0.0 度

图 1.17　【自由变换工具】选项栏

该工具选项栏中各项参数的作用如下。

【参考点位置】按钮：用于控制选区内参考点的位置。提供了 8 个控制点和 1 个参考点。如图 1.18 所示，想将选区内的参考点设在其中的某一个位置，只需在相应的控制点上单击即可。例如，将参考点设在选区的左上角，只要单击左上角的控制点，此时【参考点位置】按钮与选区中参考点的位置将发生变化。

◆ X: 511.0 px：用于设置选区内参考点的水平位置，这里设置"511px"。

◆ Y: 211.0 px：用于设置选区内参考点的垂直位置，这里设置"211px"。

◆ W: 120.5%：用于设置水平缩放比例，这里设置"120.5%"。

◆ H: 119.8%：用于设置垂直缩放比例，这里设置"119.8%"。

◆ -11.4 度：用于设置选区旋转的角度，这里设置为"-11.4 度"。

按照以上参数数值设置后，按【Enter】键，效果如图 1.19 所示。

图 1.18　参考点和控制点　　　　　　　图 1.19　调整后的效果

◆ 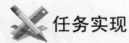：用于设置选区在【自由变换】与【变形模式】之间进行切换。单击该按钮后，
选区上将会显示一个三行三列的网格，如图 1.20 左图所示。拖曳网格上的各个控制
点，可以随意拉伸或扭曲选区，如图 1.20 右图所示。拖曳后的效果如图 1.21 所示。

◆ ⃠：用于取消对选区所进行的变换操作。

◆ ✔：用于确认对选区所进行的变换操作。

图 1.20　改变过程　　　　　　　　　　　　　　　图 1.21　最后效果

✈ 任务实现

步骤 1：新建一个宽为 800 像素、高为 600 像素、文件名为"艺术照"，背景为白色的
RGB 文件。具体设置如图 1.22 所示。

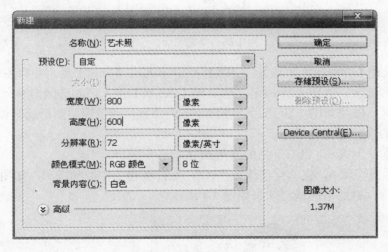

图 1.22　【新建】对话框

步骤 2：打开配套素材文件 01/案例/小孩.jpg，按【M】键选择【矩形选框工具】，拖动鼠
标选择一个矩形区域，并按【Ctrl+C】组合键复制选区，如图 1.23 所示。

步骤 3：切换到"艺术照.psd"文件中来，按【Ctrl+V】组合键粘贴。粘贴的效果如图 1.24
所示。

步骤 4：按【Ctrl+T】组合键，将图像缩小，如图 1.25 所示，按住【Alt】键，并同时拖
动鼠标，复制图像，再次复制图像，并按照如图 1.26 所示的位置进行放置。

图 1.23　复制选区　　　　　　　　　　图 1.24　粘贴选区

　　步骤 5：打开配套素材文件 01/案例/"背景.jpg"，按【M】键选择【矩形选框工具】，拖动鼠标构造一个矩形区域，并按【Ctrl+C】组合键复制选区，粘贴到"艺术照.psd"中，如图 1.27 所示。

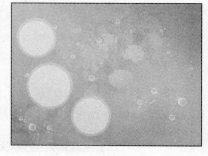

　　图 1.25　缩小图像　　　　　　图 1.26　复制图像　　　　　　图 1.27　复制后的效果

　　步骤 6：选择【椭圆选框工具】，羽化值为"0"，按住【Shift】键，并在图中的位置拖动，生成一个正圆形选区，如图 1.28 所示，然后按【Delete】键，删除选区内容，并按【Ctrl+D】组合键去掉选区，效果如图 1.29 所示，注意小孩的位置，背景图层圆形选区位置正好是小孩的头部，下面的操作步骤也类似。

　　步骤 7：重复步骤 6，将右下角的圆形删除。

　　步骤 8：重复步骤 6，将羽化值改为"10"，选区要小于中间的圆形，如图 1.30 所示。将中间的圆形删除，删除后的最终效果如图 1.1 所示。

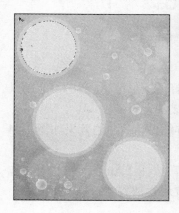

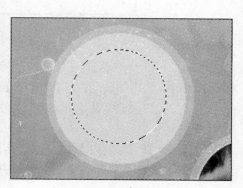

　　图 1.28　圆形选区　　　　　图 1.29　删除选区效果　　　　　图 1.30　圆形选区

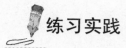
练习实践

根据前面介绍的有关选区的创建与编辑方法，利用两个配套素材文件 01/练习实践/背景.jpg 和女孩.jpg，如图 1.31 和图 1.32 所示，设计出如图 1.33 所示的效果。

图 1.31　素材 1　　　　图 1.32　素材 2　　　　图 1.33　效果图

任务 2　水中花

任务描述

本案例利用【椭圆选框工具】制作一个椭圆选区，用【渐变工具】进行填充，并运用【自由变换】命令进行调整，使其具有花瓣的形状，并复制多个这样的花瓣，旋转组合成为花朵，复制多个花朵，改变大小使其变成大小不一的花朵。通过本案例，可以掌握【渐变工具】的运用及不规则形状的构造方法，最终效果如图 1.34 所示。

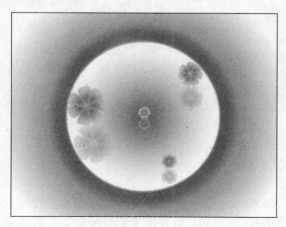

图 1.34　效果图

相关知识

1.2.1 渐变工具

利用【渐变工具】可以创建多种颜色间的逐渐混合，产生从多种颜色过渡的色彩效果。

1. 渐变工具

单击工具箱上的【渐变工具】按钮，此时的工具选项栏如图 1.35 所示。

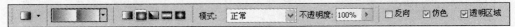

图 1.35 【渐变工具】的工具选项栏

- ◆ 渐变拾色器：可以选择一种用于填充的渐变颜色。
- ◆ 线性渐变：以线性的形式从起点渐变到终点。
- ◆ 径向渐变：以圆形的形式从中心到周围渐变，产生辐射状渐变效果。
- ◆ 角度渐变：围绕起点以逆时针环绕的形式渐变，能产生螺旋形渐变效果。
- ◆ 对称渐变：在起点两侧以对称线性渐变的形式渐变。
- ◆ 菱形渐变：从起点向外以菱形的形式渐变。
- ◆ 反向：选中该复选框，可以反转渐变的颜色，即填充后的渐变颜色与预先设置的渐变颜色顺序相反。
- ◆ 仿色：选中该复选框可用递色法来表现中间色调，可使渐变效果更加自然、柔和、平滑。
- ◆ 透明区域：选中该复选框，可对渐变填充应用透明蒙版。

【渐变工具】的使用方法如下。

新建一个 RGB 文件。在工具箱上单击【渐变工具】按钮，在【渐变】拾色器下拉列表中选择渐变颜色为"橙、黄、橙渐变"。选择一种渐变模式，将鼠标移到图像编辑区，从起点拖动到终点，产生渐变效果，各种渐变模式产生的效果如图 1.36 所示。

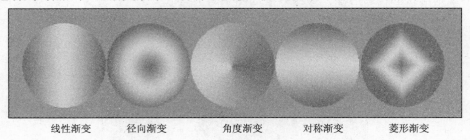

| 线性渐变 | 径向渐变 | 角度渐变 | 对称渐变 | 菱形渐变 |

图 1.36 各种渐变效果对比

2. 自定义渐变色

用户除了可以使用 Photoshop 提供的渐变色外，还可以自己定义渐变色。单击【渐变工具】选项栏中的渐变颜色块，会弹出【渐变编辑器】对话框，如图 1.37 所示。在该对话框中用户可以根据需要来定义渐变模式，具体定义方法如下。

步骤 1：双击渐变条下方的色标，这时会弹出【拾色器】对话框，在该对话框中可以

选择一种颜色（如黄色）。

步骤 2：在渐变条下方单击，可添加一个色标，参照步骤 1，将其设置为"绿色"。

步骤 3：单击"绿色"色标并向右侧拖动，以调整色标的位置。

步骤 4：在【名称】框中输入新的渐变色名称。

步骤 5：单击【新建】按钮，新的渐变色即被添加到【预设】框中，【渐变编辑器】对话框如图 1.38 所示。

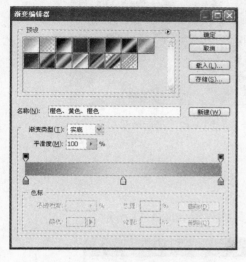

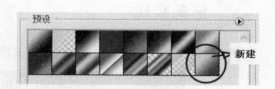

图 1.37　【渐变编辑器】对话框　　　　　　图 1.38　自定义渐变色

1.2.2　翻转图像

利用【自由变换】工具可以对图像进行翻转，翻转包含缩放、旋转、斜切、扭曲、透视、变形等，还包含【水平翻转】、【垂直翻转】，下例是利用水平翻转、垂直翻转制作出的效果，具体操作步骤如下。

步骤 1：打开配套素材文件 01/相关知识/蛙.psd，如图 1.39 所示，从图中可以看出，图像和影子不协调。

步骤 2：选择右侧的青蛙，按【Ctrl+T】组合键，然后右键单击，将出现如图 1.40 所示的快捷菜单，选择【水平翻转】命令。

图 1.39　原图　　　　　　　　　　　图 1.40　快捷菜单

步骤 3：对右侧的青蛙进行水平翻转，效果如图 1.41 所示，对两个青蛙的影子分别进行垂直翻转，最后效果如图 1.42 所示。

图 1.41　水平翻转　　　　　　　　　　　图 1.42　最后效果

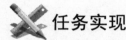 **任务实现**

步骤 1：新建一个背景为白色的 RGB 文件。具体设置如图 1.43 所示。

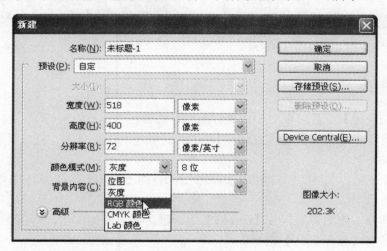

图 1.43　【新建】对话框

步骤 2：按【G】键选择【渐变工具】，并选择【径向渐变】模式，然后选择预设的"铬黄渐变"，具体设置如图 1.44 所示的【渐变编辑器】对话框。

步骤 3：从文件的中心点开始拖动鼠标左键到矩形的对角处，最终的填充效果如图 1.45 所示。

步骤 4：按【Ctrl + Shift + N】组合键，新建图层，选择【椭圆选框工具】，制作一个椭圆选区，如图 1.46 所示。

步骤 5：选择【渐变工具】，选择【径向渐变】模式，【渐变编辑器】对话框的色标设置如图 1.47 所示。

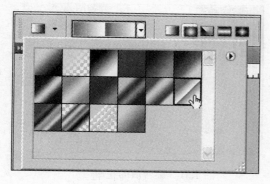

图 1.44　选择渐变色

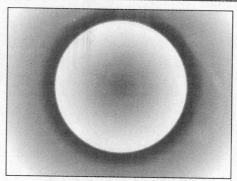

图 1.45　填充效果

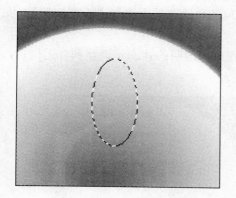

图 1.46　制作椭圆选区

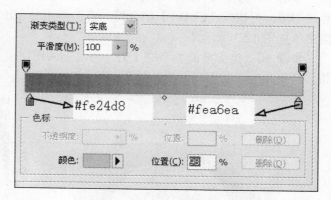

图 1.47　【渐变编辑器】对话框

步骤 6：对选区进行填充，如图 1.48 所示。按【Ctrl+T】组合键对选区中的图像进行变形，变形后如图 1.49 所示。

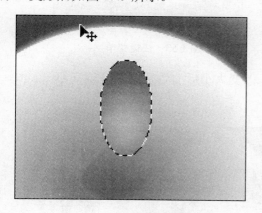

图 1.48　制作椭圆选区

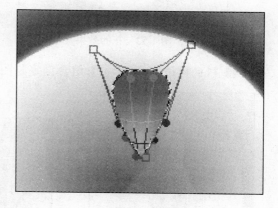

图 1.49　变形

步骤 7：按【Ctrl + J】组合键复制花瓣图层，按【Ctrl + T】组合键，将中心点移动到花的底端。如图 1.50 所示。然后将其旋转，旋转后的花朵效果如图 1.51 所示。

步骤 8：多次重复步骤 7，将除背景层外的花瓣图层都选中，然后按【Ctrl+E】组合键合并图层，最终的效果如图 1.52 所示。

13

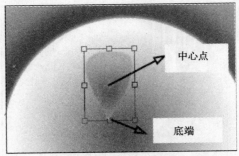

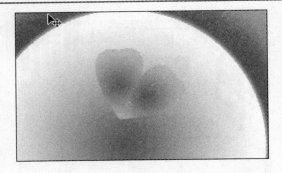

图 1.50　改变中心点的位置　　　　　图 1.51　旋转后的花瓣

步骤 9：选中花图层，按【Ctrl+T】组合键，改变花朵的大小。再按住【Ctrl+J】组合键复制图层，再次按【Ctrl+T】组合键，右键单击并在出现的快捷菜单中选择【垂直翻转】，快捷菜单如图 1.53 所示。

步骤 10：按键盘的数字键【5】，将复制的图层设置成半透明的状态，调整到合适位置，并将两朵花所在的图层合并，效果如图 1.54 所示。

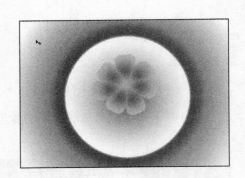

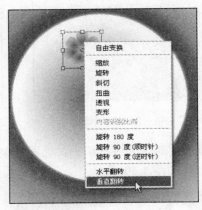

图 1.52　花的效果　　　　　　　图 1.53　快捷菜单

步骤 11：再按住【Ctrl+J】组合键复制图层，改变大小后的效果如图 1.55 所示。

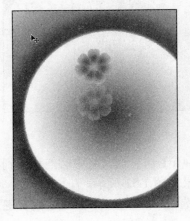

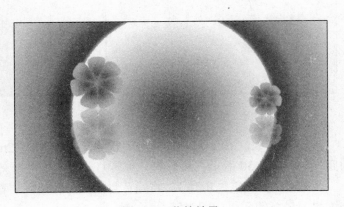

图 1.54　花的效果　　　　　　　图 1.55　花的效果

步骤 12：重复步骤 11，再复制，并调整花的位置，最终的效果如图 1.34 所示。

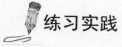 练习实践

根据前面介绍的【椭圆框选工具】，以及本节介绍的【渐变工具】和【自由变换工具】制作一个变形球体，复制一个并垂直翻转后，改变透明度，制作出如图 1.56 所示的效果。

图 1.56　效果

任务 3　鲜花字

 任务描述

本例中运用【文字工具】输入一定格式的文字，运用【魔棒工具】和【磁性套索工具】选择一部分图像进行编辑，利用【自由变换】命令对置入的图像进行变形，并运用【图层样式】命令对置入的图像设置阴影、投影、外发光等效果，其最终效果如图 1.57 所示。

图 1.57　最终效果

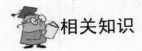 相关知识

1.3.1 【套索工具】组

【套索工具】组主要用来创建不规则形状范围的选区。在工具箱上用鼠标右键单击【套索

图 1.58 【套索工具组】下拉工具列表

工具】按钮 ，会弹出下拉工具列表，可在其中选择不同的套索工具，如图 1.58 所示。

1. 套索工具

使用【套索工具】可以以手控的方式选取不规则形状的曲线区域。单击工具箱中的【套索工具】按钮 ，工具选项栏如图 1.59 所示，其中各项参数的含义与【矩形选框工具】的工具选项栏中的参数含义基本相同。

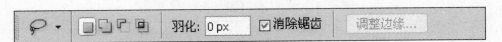

图 1.59 【套索工具】的工具选项栏

使用【索套工具】创建不规则选区的具体操作方法如下。

步骤 1：打开配套素材文件 01/相关知识/笔记本.jpg，单击工具箱中的【套索工具】按钮 ，在其工具选项栏中对相应的参数进行设置。

步骤 2：将光标移动到图像编辑区中，此时光标将变为 形状，从要创建选区的起点开始，按住鼠标左键并拖动，如图 1.60 所示。

步骤 3：当起点与终点重合时释放鼠标左键，即可得到选区。如图 1.61 所示。

图 1.60 绘制选区的过程

图 1.61 【套索工具】创建的选区

2. 多边形套索工具

使用【多边形套索工具】可以以手控的方式选取具有直边的图像部分，一般多用于选取多边形选区，如三角形、梯形和五角星等。右键单击工具箱中的【套索工具】按钮 ，在弹出的下拉工具列表中选择【多边形套索工具】按钮 ，工具选项栏如图 1.62 所示。其中各参数的含义与【矩形选框工具】的工具选项栏中的参数含义基本相同。

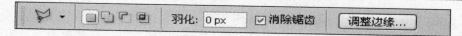

图 1.62　【多边形套索工具】的工具选项栏

使用【多边形套索工具】创建选区的具体操作方法如下。

步骤 1：打开配套素材文件 01/相关知识/1.3 文件夹下的"五角星.jpg"图像文件，右键单击工具箱中的【套索工具】按钮 ，在弹出的菜单中选择【多边形套索工具】按钮 ，在其工具选项栏中对相应的参数进行设置。

步骤 2：将鼠标移动到图像编辑区中，此时光标将变为 形状，单击鼠标以确定起点。

步骤 3：移动鼠标，在转折处单击以确定选区的另一个端点，如图 1.63 所示。

步骤 4：当欲选择的范围全部选中且起点与终点重合时，光标将变为 形状，此时单击鼠标即可得到一个封闭的选区，如图 1.64 所示。

图 1.63　绘制选区的过程

图 1.64　【多边形套索工具】创建的选区

3. 磁性套索工具

【磁性套索工具】是三种套索工具中功能最强大的，该工具可以自动与区域的边缘对齐，具有方便、准确、灵活的特点。

右键单击工具箱中的【套索工具】按钮 ，在弹出的下拉工具列表中选择【磁性套索工具】按钮 ，此时工具选项栏如图 1.65 所示。【磁性套索工具】的工具选项栏中的各项参数作用如下。

图 1.65　【磁性套索工具】的工具选项栏

◆ **羽化和消除锯齿**：这两个参数与【矩形选框工具】中的【羽化】和【消除锯齿】参数作用一样。

◆ **宽度**：用于设置磁性套索的宽度，取值范围在 1～40 像素，其值越小，检测越精确。

◆ **边对比度**：用于设置创建选区时边缘的对比度，取值范围在 1%～100%，较高的百分比可以检测对比鲜明的边缘；较低的百分比则检测低对比度边缘。

◆ **频率**：用于设置选取时的定位节点的数量，取值范围在 1～100。其值越大，节点越多，如图 1.66 所示。

◆ **钢笔压力** ：用于设定绘图板的笔刷压力。该选项只有安装了绘图板及其驱动程序时才有效。

使用【磁性套索工具】创建选区的具体操作方法如下。

步骤 1：打开配套素材文件 01/相关知识/向日葵.jpg 图像文件，右键单击工具箱中的【套索工具】按钮 ，在弹出的下拉工具列表选择【磁性套索工具】按钮 ，在其工具选项栏中对相应的参数进行设置。

步骤 2：将鼠标移动到图像编辑区中，此时光标将变为 形状，单击鼠标以确定起点。

步骤 3：沿要选取的区域边缘移动鼠标，将产生一条套索线并自动附着在图像周围，每隔一段距离将产生一个节点，节点数量与设置的【频率】取值有关。

步骤 4：当起点与终点重合时，光标将变为形状 。此时单击鼠标即可得到一个封闭的选区，如图 1.67 所示。

频率值为 20　　　　　　　频率值为 100

图 1.66　不同频率值的节点效果　　　　图 1.67　【磁性套索工具】创建的选区

1.3.2　【快速选择工具】组

【快速选择工具】组中提供的工具可以选择图像内色彩相同或相近的区域，而不必跟踪其

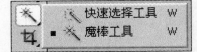

轮廓。在工具箱上用鼠标右键单击【快速选择工具】按钮 ，出现快速选择工具的下拉列表，如图 1.68 所示。

图 1.68　【快速选择工具组】

1．快速选择工具

快速选择工具的使用方法是基于画笔模式的。也就是说，可以用"快速选择工具"拖动"画"出所需的选区。

如果是选取离边缘比较远的较大区域，就要使用大一些的画笔；如果是要选取边缘比较近的较小区域，则换成小尺寸的画笔，这样才能尽量避免选取背景像素。

打开一幅花朵素材文件，单击工具箱中的【快速选择工具】，设置画笔大小为"30"，在花朵内部拖动鼠标，即可创建如图 1.69 所示的选区。继续在花朵内部拖动鼠标，直到选区创建完成，如图 1.70 所示。

图 1.69　绘制选区的过程　　　　图 1.70　【快速选择工具】创建的选区

2．魔棒工具

在工具箱中右键单击工具箱中的【快速选择工具】按钮，在弹出的下拉工具列表中选择【魔棒工具】按钮，此时【魔棒工具】的工具选项栏如图1.71所示。

图1.71 【魔棒工具】的工具选项栏

【魔棒工具】的工具选项栏中的各项参数作用如下。

◆ 容差：用于设置颜色取样时的范围，取值范围在0～255之间，系统默认值为32。取值越小，选取的颜色越接近，选取的颜色范围越小；取值越大，选取的颜色范围越大。

◆ 消除锯齿：用于平滑选区边缘。

◆ 连续：选中该复选框表示只选择颜色相近的连续区域，如图 1.72 所示；未选中该复选框会选取颜色相近的所有区域，如图1.73所示。

◆ 用于所有图层：当图像含有多个图层时，选中该复选框可以对该图像的所有图层起作用；未选中该复选框只对当前图层起作用。

图1.72 选中【连续】复选框的效果　　图1.73 未选中【连续】复选框的效果

1.3.3 文字工具

文字是艺术作品中常用的元素之一，使用 Photoshop 制作各种精美的图像时，可以使用文字增加作品的主题内容，图像中适当的文字可以起到画龙点睛的效果。如果为文字赋予合适的艺术效果，可以使图像的美感得到极大的提升。

文字工具是一个工具组，在工具箱中单击文字工具，会弹出下拉工具列表，其中包括【横排文字工具】T、【直排文字工具】T、【横排文字蒙版工具】和【直排文字蒙版工具】。

1．横排文字工具

使用【横排文字工具】T，可以在图像上创建水平排列的文字，操作方法如下。

步骤 1：在工具箱中选择【横排文字工具】T，此时工具选项栏如图1.74所示，可对输入的横排文字进行格式设置。

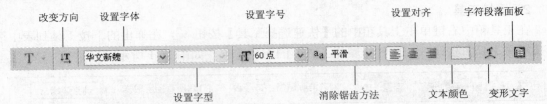

图 1.74　横排文字工具选项栏

步骤 2：在图像中放置文字处单击一下，即可在该位置插入了一个文本光标，在光标后面输入要添加的文字，如图 1.75 所示。

2．直排文字工具

为图像添加垂直排列文本的操作方法与添加水平排列文本的操作方法相同。

在工具箱中选择【直排文字工具】 T ，然后在页面中单击并在光标后面输入文字，则可以得到垂直排列的文字，效果如图 1.76 所示。

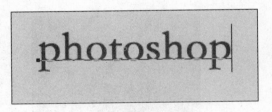

图 1.75　输入文字

图 1.76　输入直排文字效果

3．文字选区工具

使用【横排文字蒙版工具】 T 和【直排文字蒙版工具】 T ，能够创建水平或垂直文字选区。文字选区是一类特别的选区，它具有文字的外形。使用文字选区工具可以非常轻松地创建文字选区，下面通过一个具体的实例来说明文字选区工具的用法。

步骤 1：在工具箱中选择【横排文字蒙版工具】 T ，在图像中插入一个文本光标，在输入状态下图像背景呈现淡红色。

步骤 2：在淡红色背景下输入文字，此时文字为实心文字，如图 1.77 所示。

步骤 3：在工具选项栏中单击【提交所有当前编辑命令】按钮 ✔ 退出文字编辑状态，可看到如图 1.78 所示的文字选择区域。

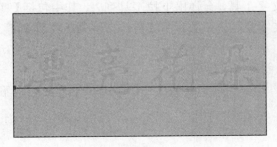

图 1.77　输入文字

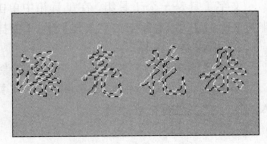

图 1.78　退出文字输入状态

步骤 4：打开一幅素材文件，如图 1.79 所示。

步骤 5：按【Ctrl+A】组合键，执行全选操作，按【Ctrl+C】组合键，执行复制操作。

步骤 6：切换到文字选择区域所在文件，选择【编辑】→【贴入】命令，得到如图 1.80 所示的图像文字效果。

图 1.79　素材图像

图 1.80　图像文字效果

1.3.4　格式化文本

格式化文本包括对文本字符和对文本段落的格式设置，除了在介绍横排文字工具时使用的工具选项栏之外，还可以通过【字符/段落】面板对文字进行格式化。

1.【字符】面板

使用【字符】面板可以对文字的字符属性进行设置，包括设置文字的字体、大小、颜色、间距和行距等。在工具选项栏中单击"显示/隐藏字符和段落面板"按钮 ，便可弹出【字符】面板，如图 1.81 所示。在面板中可直接设置需要改变的选项。

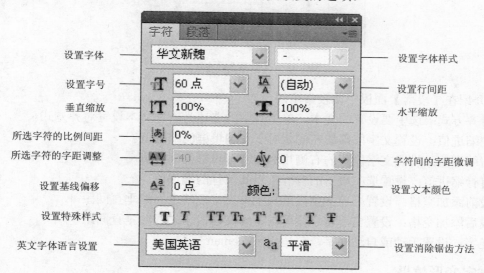

图 1.81　【字符】面板

下面介绍【字符】面板中主要的参数，如【行距】、【垂直缩放】、【水平缩放】和【字距调整】等对文字的影响。

（1）设置行间距

在此数据框中输入数值或在下拉列表框中选择一个数值，可以设置两行文字之间的距离，数值越大，行间距越大。

（2）垂直缩放/水平缩放

这两个数值能够改变被选中文字的水平及垂直缩放比例，得到较高或较宽的文字效果。

（3）设定所选字符间距

此数值控制了所有选中文字的间距，数值越大，间距越大。

（4）设置特殊样式

单击其中的按钮可以将选中的文字改变为该按钮指定的特殊显示形式。可将文字改变为粗体、斜体、全部大写、小型大写、上标、下标或为文字添加下画线和删除线等。

2.【段落】面板

如果输入的文本较多，形成段落后，就需要对文字的段落进行调整。对段落的设置是应用于整个段落而不只是单个字符，例如段前空格、段后空格、对齐方式等，下面介绍如何通过【段落】面板来设置段落的属性。

单击【字符】面板右侧的【段落】标签，弹出如图 1.82 所示的【段落】面板。在面板中可直接设置需要改变的选项。

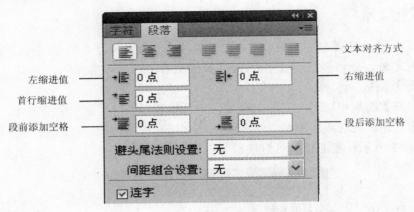

图 1.82 【段落】面板

下面介绍在【段落】面板中比较常用的参数。

◆ 对齐方式：选中要设置的文本，单击其中的选项为所选文本设置对齐方式。

◆ 左缩进值：设置文字段落的左侧相对于左编辑框的缩进值。

◆ 右缩进值：设置文字段落的右侧相对于右编辑框的缩进值。

◆ 首行缩进值：设置选中段落的首行相对其他行的缩进值。

◆ 段前添加空格：设置当前文字段落与上一文字段落之间的垂直间距。

◆ 段后添加空格：设置当前文字段落与下一文字段落之间的垂直间距。

◆ 连字：设置手动或自动断字，仅适用于 Roman 字符。

1.3.5 文字变形效果

使用文字工具选项栏中的创建文字【变形】按钮 可以使文字扭曲变形，用这一功能可以使图像中的文字效果更加丰富，在 Photoshop 中提供了 15 种文字扭曲效果，如图 1.83 所示是使用变形文字功能制作的 15 种不同扭曲文字效果。

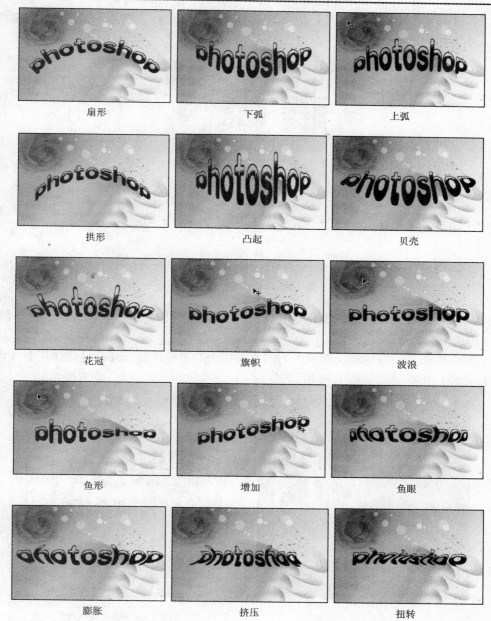

图 1.83 文字变形效果

1.3.6 【置入】命令

【置入】命令可以将照片、图片或任何 Photoshop 支持的文件作为智能对象添加到文档中。可以对智能对象进行缩放、定位、斜切、旋转或变形操作，而不会降低图像的质量。

智能对象是包含栅格或矢量图像（如 Photoshop 或 Illustrator 文件）中的图像数据的图层。智能对象将保留图像的源内容及其所有原始特性，从而让您能够对图层执行非破坏性编辑。

例如，选择【文件】→【置入】命令，将出现如图 1.84 所示的对话框，然后选择要置入的文件，单击【置入】按钮。

图 1.84　【置入】对话框

这个时候会发现置入的图像不能应用，图像上面有方框和叉线。如图 1.85 所示，按【Enter】键或双击图层可以激活置入图像。

想对置入的图像进行编辑，在置入的图像图层上右键单击选择【栅格化图层】才可以进一步编辑处理，快捷菜单如图 1.86 所示。

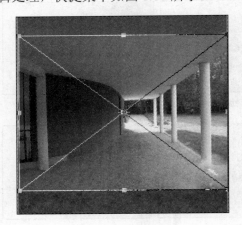

图 1.85　置入图像

图 1.86　栅格化图层

1.3.7　编辑选区

创建选区后，往往要根据实际情况来对选区进行修改，如移动选区的位置，调整选区大小、形状，旋转选区，反选，保存选区等操作。在这一部分内容中，将向读者介绍一些常见的编辑选区的操作。

1. 移动选区

移动选区是对选区进行的最基本的操作。要移动选区，可先选择工具箱中的任意选择工具创建选区，然后将指针移动到选区内，按下鼠标左键，将其拖动到适当的位置后释放鼠标左键即可，移动前后的效果如图 1.87 所示。

图 1.87 选区移动前后的效果

2. 增减选区

（1）增加选区

步骤 1：利用工具选项栏中的【添加到新选区】按钮 可以增加选区。打开配套素材文件 01/相关知识/圆柱体.jpg，如图 1.88 所示，首先使用工具箱中的【矩形选框工具】按钮 ，可以选取一个矩形范围，如图 1.89 所示。

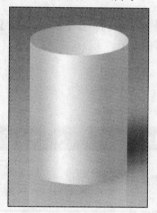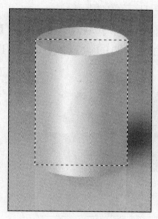

图 1.88 圆柱体　　　　　　　图 1.89 矩形选区

步骤 2：使用工具箱中的【椭圆选框工具】按钮 ，在图 1.90 所示的鼠标位置按住【Shift】键，并拖动鼠标左键，增加选区，效果如 1.91 所示。

图 1.90 增加选区　　　　　图 1.91 增加选区效果

（2）减去选区

步骤：使用工具箱中的【椭圆选框工具】按钮 ，在图 1.92 所示的鼠标位置按住【Alt】键，并拖动鼠标左键，减少选区，效果如图 1.93 所示，这样就将圆柱体的柱面选中了。

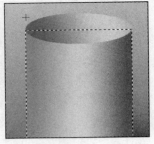
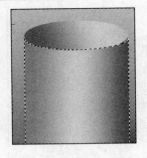

图 1.92 　光标的变化　　　　图 1.93 　增加选区后的效果

3．修改选区

修改选区操作主要包括放大选区、缩小选区、扩边、变换选区、反选、存储和载入等操作。

（1）扩大选区

扩大选区就是指扩大选区的范围，下面主要介绍三种扩大选区的方法。

方法一：

步骤 1： 打开配套素材文件 01/相关知识/玫瑰花.jpg 图像文件，运用【磁性套索工具】构造出如图 1.94 左图所示的选区。

步骤 2： 选择【选择】→【修改】→【扩展】命令，弹出【扩展选区】对话框，在【扩展量】文本框中输入需要的像素值，如图 1.94 右图所示。

图 1.94 　选区与【扩展选区】对话框

步骤 3： 单击【确定】按钮，即可扩大选区，效果如图 1.95 左图所示。将前景色设置为粉色，新建一个图层，然后按【Alt+Delete】组合键填充选区，并按键盘的数字键【5】，将图层变为半透明，将可以看到扩展的粉色半透明玫瑰区域，如图 1.95 右图所示。

图 1.95 　【扩展选区】后及填充半透明的粉色效果

方法二：打开配套素材文件 01/相关知识/美人蕉.jpg，在选区已经创建的情况下，选择【选择】→【扩大选取】命令，可以扩大原有的选取范围，所扩大的范围是原选区相邻和颜色相近的区域，颜色的近似程度由【魔棒工具】工具栏中的"容差"参数值来决定。执行【扩大选取】命令前后效果如图 1.96 所示。

图 1.96　执行【扩大选取】命令的前后效果

方法三：利用方法二中的素材，在选区已创建的情况下，选择【选择】→【选取相似】命令，可以扩大原有的选取范围，所扩大的范围是把图像中所有近似颜色的区域都包括进来。执行【选取相似】命令前后效果如图 1.97 所示。

图 1.97　执行【选取相似】命令的前（左图）后（右图）效果比较

（2）缩小选区

缩小选区功能可以使选区范围减少，与扩大选区的功能恰好相反。打开配套素材文件 01/相关知识/香蕉.jpg，选择【选择】→【修改】→【收缩】命令，弹出【收缩选区】对话框，如图 1.98 所示。在该对话框中设置【收缩量】参数值(在这里设置为 20)，单击【确定】按钮，即可完成缩小选区的操作。缩小选区前后效果如图 1.99 所示。

图 1.98　【收缩选区】对话框

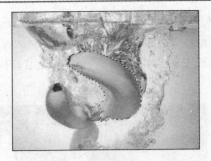
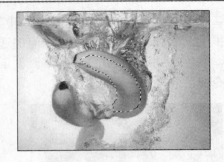

图 1.99　缩小选区前（左图）后（右图）的效果

（3）扩边

选择【选择】→【修改】→【边界】命令，弹出【边界选区】对话框，如图 1.100 所示。在【宽度】文本框中输入一个像素值，介于 1～200 之间（在这里输入 20），然后单击【确定】按钮，沿原选区边界形成一个新的环形选区，如图 1.101 所示。

图 1.100　【边界选区】对话框　　　　　　　图 1.101　扩边后的效果

4．反选

反选是指重新选取当前选区之外的部分，即非当前选区。方法是选择【选择】→【反向】命令，或按【Ctrl+Shift+I】组合键，效果如图 1.102 所示。通常情况下，可以先选取图像中易选取的部分，然后通过【反向】命令得到其余需要而不易选取的部分图像。

图 1.102　原选区（左图）与反选后（右图）效果

5．存储和载入选区

选区创建完成后，可以利用 Photoshop 提供的存储选区功能将其保存；也可以将已经保存的选区应用到图像中，即载入选区。

（1）存储选区

选区创建完成后，选择【选择】→【存储选区】命令，弹出【存储选区】对话框，如图 1.103 所示。其中各项参数的作用如下。

◆ 文档：用于选择存储选区的目标图像文件，默认为当前图像文件；也可选择【新建】选项，创建一个新文档来保存选区。

◆ 通道：用于设置保存选区的通道。

◆ 名称：在【通道】下拉列表框中选择【新建】选项后，该项设置才有效，其作用在于设置新通道的名称。

◆ 操作：用于设置保存的选区和原选区之间的组合关系。默认为【新通道】，其他选项只有在【通道】下拉列表框中选择了已经保存的 Alpha 通道时才有效。

◆ 在【存储选区】对话框中设置好各项内容后，单击【确定】按钮即可保存该选区。

（2）载入选区

若将已保存好的选区应用到图像中，可以选择【选择】→【载入选区】命令，弹出【载入选区】对话框，如图 1.104 所示。其中各项参数的作用如下。

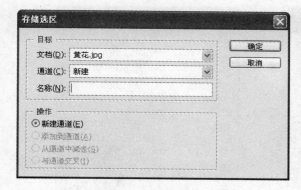

图 1.103　【存储选区】对话框

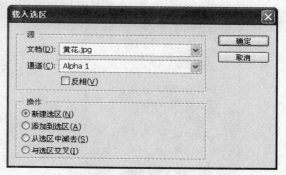

图 1.104　【载入选区】对话框

◆ 文档：用于选择要载入选区的图像文件。

◆ 通道：用于选择载入哪一个通道中的选区。

◆ 反相：用于将选区反选。

◆ 新建选区：用于将新载入的选区代替原选区。

◆ 添加到选区：用于将新载入的选区与原选区相加。

◆ 从选区中减去：用于将新载入的选区与原选区相减。

◆ 与选区交叉：用于将新载入的选区与原有的选区交叉。

在【载入选区】对话框中设置好各项内容后，单击【确定】按钮即可载入该选区。

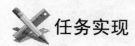 **任务实现**

步骤 1：在 Photoshop 中打开配套素材文件 01/案例/背景 2.jpg，如图 1.105 所示。

步骤 2：选择【文件】→【置入】命令，置入本书的配套素材文件 01/案例/向日葵.jpg，然后按【Enter】键，如图 1.106 所示。

图 1.105　背景图像　　　　　　　　　图 1.106　置入文件

步骤 3：接下来右键单击【向日葵】图层，在出现的快捷菜单中选择【栅格化图层】命令，如图 1.107 所示。

步骤 4：隐藏"向日葵"图层，选择【横排文字工具】，打开【字符】面板，并按照如图 1.108 所示进行设置。

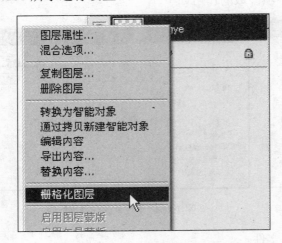

图 1.107　【栅格化图层】命令　　　　　图 1.108　【新建图层】对话框

步骤 5：输入文字"HearT"，注意 H、T 要大写，输入后的效果如图 1.109 所示。

图 1.109　文字输入后的效果

步骤 6：选择【文件】→【置入】命令，置入本书的配套素材文件 01/案例/玫瑰花.jpg 图像文件，然后按【Enter】键，并【栅格化图层】，效果如图 1.110 所示。

步骤 7：按【W】键选择【魔棒工具】，容差设为"50"，鼠标单击空白处，并单击【Delete】键，删除花以外的部分，并按【Ctrl+D】组合键去掉选区，效果 1.111 所示。

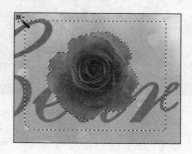

图 1.110　置入文件　　　　　　　　图 1.111　去掉留白处的效果

步骤 8：置入本书的配套素材文件 01/案例/白花.jpg，具体操作类似步骤 6、步骤 7，效果如图 1.112 所示。

步骤 9：置入本书的配套素材文件 01/案例/黄花.jpg，按【W】键选择【磁性套索工具】，选择黄花部分，按【Ctrl+Shift+I】组合键反选，将花以外的图像部分删除，按【Ctrl+D】组合键取消选区，效果如图 1.113 所示。

图 1.112　白花效果　　　　　　　　图 1.113　黄花效果

步骤 10：将文字图层隐藏，改变各个花的大小，还可以复制几朵花，让花充满文字区域，按照如图 1.114 所示的位置放置。

图 1.114　花朵所在的位置

步骤 11：取消隐藏文字所在的图层，在文字图层的上面再放置一些小花做装饰，放置位置和大小可以参考图 1.115，然后将文字图层下面除背景层的其他图层合并。

图 1.115　在文字上放置花朵

步骤 12：按【Ctrl】键单击文字图层，生成选区，栅格化文字，然后按【Delete】键删除文字填充部分，然后选中刚才合并的图层，按【Ctrl + Shift + I】组合键反选，按【Delete】键，删除的效果如图 1.116 所示。

图 1.116　鲜花字

步骤 13：最后给鲜花文字加上图层样式：【投影】、【内发光】、【外发光】，外发光颜色设置为"#0353cc"，内发光颜色设置为"#02e3f7"，其他值设置如图 1.117 所示，最终的效果如图 1.57 所示。

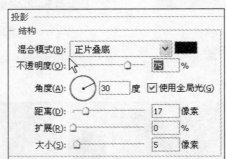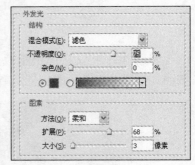

图 1.117　设置图层样式

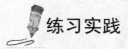

练习实践

利用本节学到的【增加选区】、【减去选区】、【置入】命令、【横排文字蒙版工具】，以及前面学到的【填充工具】制作一个如图 1.118 所示的立体圆柱效果。

提示：文字字体是"华文新魏"，文字后的图像见配套素材文件 01/案例/向日葵.jpg。

任务4 修复照片

任务描述

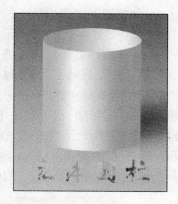

图 1.118 圆柱体

本案例主要通过运用【仿制图章工具】、【图案图章工具】，并配合使用【多边形套索工具】、【磁性套索工具】及【修补工具】对图片中的瑕疵进行修复，处理前后效果如图 1.119 所示。从图中可以看出，原图中小女孩上衣中间有一处污渍、裙带松了、地毯右上角有一个三角区域未覆盖到。

图 1.119 调整前（左图）后（右图）效果

相关知识

1.4.1 修复画笔工具

【修复画笔工具】用于校正图像中的瑕疵，可以在不改变原图像形状、纹理、光照及透明度等属性的基础上对图像中的缺陷进行修复。

在工具箱上单击【修复画笔工具】按钮 ，此时的修复画笔工具选项栏如图 1.120 所示。

图 1.120 【修复画笔工具】的工具选项栏

◆ 源：用于修复图像的源，包括【取样】和【图案】两个选项。【取样】表示使用当前图像的像素；【图案】表示使用某图案的像素。选中该选项后，可以单击右侧的下三

角按钮，在弹出的下拉列表中选择某一种图案进行填充。

◆ 对齐：选中该复选框后，可以对像素连续取样，而不会丢失当前的取样点；未选中该复选框，则每次停止或重新开始绘图时将使用初始取样点的样本像素。

使用【修复画笔工具】修复图像的具体方法如下。

打开配套素材文件 01/相关知识/老照片.jpg 图像文件，单击工具箱上的【修复画笔工具】按钮 。在工具选项栏中设置【画笔】类型为 ，选中【取样】单选按钮，将鼠标移到图像编辑区中的取样点上，按住【Alt】键，当光标变成 形状时，单击鼠标进行取样。如图 1.121 所示；松开【Alt】键，将光标移至图像"背景"的"白色瑕疵"处，单击或拖动鼠标，进行修复。修复后的效果如图 1.122 所示。

图 1.121　修复前的效果

图 1.122　修复后的效果

1.4.2　污点修复画笔工具

【污点修复画笔工具】可以快速移去照片中的污点和其他不理想的部分，在不改变原图像形状、纹理、光照及透明度等属性的基础上与所修复的图像相匹配。【污点修复画笔工具】不要求指定取样点，而是自动从所修复区域的周围取样。

在工具箱上右键单击【修复画笔工具】按钮 ，会弹出下拉工具列表，在其中选择【污点修复画笔工具】 ，此时的工具选项栏如图 1.123 所示。

图 1.123　【污点修复画笔工具】的工具选项栏

其中，【类型】参数包括【近似匹配】和【创建纹理】两个选项。若选择【近似匹配】选项，将使用要修复区域周围的像素来修复图像；若选择【创建纹理】选项，将使用要修复图像中所有像素来创建用于修复的纹理。

1.4.3　修补工具

使用【修补工具】可以用其他区域或图案中的像素来修复选区内的图像。【修补工具】会将样本像素的纹理、光照和阴影与源像素相匹配。

在工具箱上右键单击【修复画笔工具】按钮，在弹出的菜单中单击【修补画笔工具】按钮，此时的工具选项栏如图1.124所示。

图1.124 【修补工具】的工具选项栏

◆ 修补：该参数包括【源】和【目标】两个选项。若选中【源】选项，可运用其他区域的图像对所选区域进行修复；若选中【目标】选项，可运用所选区域的图像对其他区域进行修复。

◆ 透明：选中该复选框，将对取样点图像与需修补图像进行比较，并将取样点图像中差异较大的图像或颜色修补到目标图像中。

◆ 使用图案：用【修补工具】创建选区后，该按钮会自动被激活，单击右侧的下拉列表，在其中选择一种图案后，单击该按钮可将选区内的图像用图案进行修补。

使用【修补画笔工具】修复图像的具体方法如下。

打开配套素材文件 01/相关知识/旧照片.jpg，右键单击工具箱上的【修复画笔工具】按钮，在弹出的下拉工具列表中选择【修补工具】。在工具选项栏中选中【源】单选按钮；将鼠标移到图像中有瑕疵的地方，创建一个选区，如图1.125左图所示；当光标变成形状时，拖动选区到取样点位置，如图1.125中图所示，即可用取样点的颜色替换原来有瑕疵的区域，修补后的效果如图1.125右图所示。

图1.125 使用【修补工具】修复图像的过程

1.4.4 红眼工具

由于照相时曝光的原因，人物照片往往会有红眼。Photoshop CS4提供了【红眼工具】，可移去照片中人物的红眼及动物眼中的白色或绿色的光。

在工具箱上右键单击【修复画笔工具】按钮，在弹出的下拉工具列表中选择【红眼工具】，此时的工具选项栏如图1.126所示。

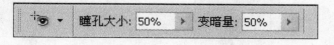

图1.126 【红眼工具】的工具选项栏

◆ 瞳孔大小：用于设置瞳孔（眼睛暗色的中心）大小。

◆ 变暗量：用于设置瞳孔的暗度。

打开配套素材文件 01/相关知识/红眼.jpg，如图 1.127 左图所示，单击工具箱中的【红眼工具】，将鼠标移动到图像中红眼的位置，当其变为"＋"形状时单击即可除去红眼，效果如图 1.127 右图所示。

图 1.127　除去红眼前后效果

1.4.5　仿制图章工具

使用【仿制图章工具】可以将一幅图像的全部或部分复制到同一幅图像或其他图像内。单击工具箱上的【仿制图章工具】按钮，此时的工具选项栏如图 1.128 所示。该工具选项栏与【修复画笔工具】的工具选项栏类似。

图 1.128　【仿制图章工具】的工具选项栏

【仿制图章工具】的使用方法如下。

步骤 1： 打开配套素材文件 01/相关知识/图章.jpg，单击工具箱上的【仿制图章工具】按钮；将鼠标移到图像中的"花朵"部分，按住【Alt】键，当光标变成⊕形状时，单击鼠标进行取样，如图 1.129 所示。

步骤 2： 将鼠标移到图像中的其他位置，此时光标将变成"○"形状，在适当的位置拖动鼠标，即可仿制出"花朵"图像，如图 1.130 所示。

图 1.129　取样　　　　　　　　图 1.130　仿制图像

1.4.6 图案图章工具

在工具箱上右键单击【仿制图章工具】按钮，在弹出的工具列表中选择【图案图章工具】，此时的工具选项栏如图 1.131 所示。

图 1.131 【图案图章工具】的工具选项栏

该工具选项栏与【仿制图章工具】的工具选项栏类似，其中不同的选项作用如下。

◆ 图案：该下拉列表框提供了 Photoshop CS4 自带和用户自定义的图案，选择其中一种后，可使用【图案图章工具】将图案绘制到图像中。

◆ 印象派效果：选中该复选框，绘制的图案将变得模糊，类似于印象派的效果。

【图案图章工具】的使用方法如下。

打开一幅素材文件如图 1.132 左图所示，利用【矩形选框工具】在图像中的"花"部分创建一个选区，然后执行【编辑】菜单中的【定义图案】命令，将选区内的图像定义成图案；右键单击工具箱上的【仿制图章工具】按钮，在弹出的下拉工具列表中选择【图案图章工具】。在工具选项栏中设置图案为，在图像中拖动鼠标即可逐渐绘制出所选图案，效果如图 1.132 右图所示。

图 1.132 使用【图案图章工具】的前后效果

✖ 任务实现

步骤 1： 在 Photoshop CS4 中，按【Ctrl+O】组合键，打开本书的配套素材文件 01/案例/小女孩.jpg 图像文件，如 1.119 左图所示。

步骤 2： 修复右上角的问题，修复前的效果如图 1.133 左图所示，选择【污点修复画笔工具】，在污点处多次单击，即可修好，修复后的图像如图 1.133 右图所示。

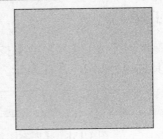

图 1.133　污点修复前后的对比

步骤 3：将光标移至衣服中间，这次采用【修补工具】，先选择【矩形框选工具】在要修复处选择一个区域，如图 1.134 所示，选择【修补工具】，将要修补处拖动至上面，运用上面的图像对所选区域进行修补，修补后的效果如图 1.135 所示。为了更好地实施操作，按【Ctrl+ +】组合键，将图像放大修复。

图 1.134　进行取样　　　　　　　　　　　图 1.135　修复后效果

步骤 4：选择【仿制图章工具】，对上衣和裙子交接处进行修补，首先按住【Alt】键取样，然后多次仿制，取样处如图 1.136 左图所示，修复后的效果如图 1.136 右图所示。

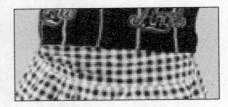

图 1.136　在修补过程中的取样和修复效果

步骤 5：最后的修复效果如图 1.119 所示。

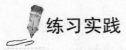
练习实践

（1）打开本书的配套素材文件 01/练习实践/花.jpg 图像文件，原图如图 1.137 所示，并按照本节所讲内容，将图的左上角模糊的礼品盒去掉，然后制作出如图 1.138 所示的效果。

（2）打开本书的配套素材文件 01/练习实践/红眼.jpg，利用【红眼】工具在图 1.139 所示的左图的眼睛处进行修复，多次修复后的效果如图 1.139 右图所示。

图 1.137　原图

图 1.138　修复后效果

图 1.139　修复前后

任务 5　圆角网格

任务描述

本案例中主要用【圆角矩形工具】制作一个圆角矩形路径，然后将其转换为选区，并进行描边，将其定义成图案后，用所定义图案填充图片，将看到透明网格效果。填充前、后效果对比如图 1.140 所示。

图 1.140　填充前、后对比效果

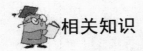相关知识

1.5.1 【形状工具组】

形状是一些预先定义的路径，可以对它们进行填充、描边或者以它们为基础建立选区，

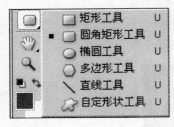

图 1.141　形状工具组

在工具箱中还专门设置了形状工具组帮助进行形状的绘制，形状工具组包括矩形、圆角矩形、椭圆、多边形、直线和自定义形状等工具，如图 1.141 所示。

1. 矩形工具

【矩形工具】可以用来绘制矩形或者正方形的形状或路径，单击工具箱中的【矩形工具】，工具选项栏会发生变化，如图 1.142 所示。

图 1.142　【形状工具】的工具选项栏

（1）绘制模式

◆ 【形状图层】：选中该按钮，在编辑窗口中可绘制一个带路径的形状，同时在【图层】面板中就会添加一个新的形状图层。形状图层可以看做是链接到矢量蒙版的填充图层，路径内所填充的颜色默认为前景色，也可以更改填充颜色（双击图层面板中的形状图层的颜色缩略图来改变填充颜色）。

◆ 【路径】：选中该按钮，在编辑窗口中可绘制工作路径，创建的工作路径会出现在【路径】面板中。

◆ 【填充像素】：选中该按钮，则既不生成工作路径，也不生成形状图层，只会出现一个由前景色填充的形状，即填充区域；并且，这个填充区域无法作为矢量对象编辑，选中【钢笔工具】的时候，该按钮为不可用状态。三种绘图模式如图 1.143 所示。

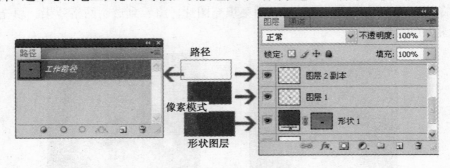

图 1.143　绘图模式

（2）【形状工作组】

在形状工作组中主要包括方形、圆形、多边形和一些自定义的形状工具，利用这些形状工具可以绘制路径，将在稍后的内容中介绍。

单击工具选项栏中的 🖌 右侧的下拉按钮，会出现图 1.144 所示的【矩形工具】的参数设置对话框。

【矩形工具】选项栏中各个参数的具体作用如下。

- ◆ 不受约束：选择该项后矩形的宽度和高度比例和大小不受约束。
- ◆ 方形：选择该项后绘制出来的是正方形。
- ◆ 固定大小：选择该项后可以在宽度 W 和高度 H 文本框中输入矩形的宽度和高度。
- ◆ 比例：选择该项后在宽度 W 和高度 H 文本框中输入的数值是宽和高的比例。
- ◆ 从中心：选择该项后从中心开始绘制矩形。
- ◆ 对齐像素：选择该项后矩形的边缘自动与像素边缘重合。

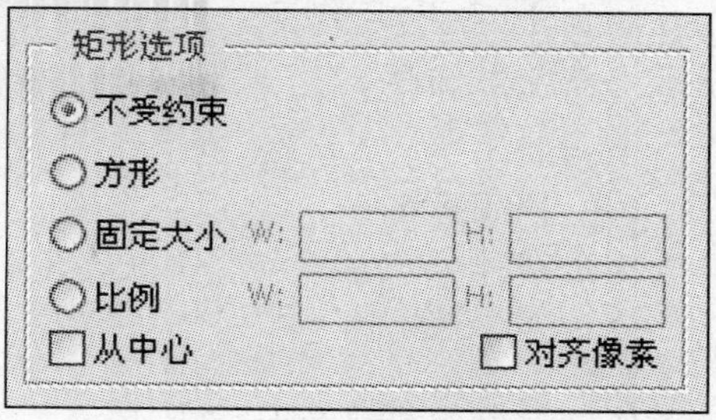

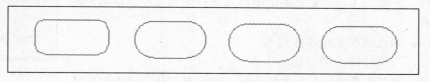

图 1.144 【矩形工具】的参数设置

2．圆角矩形工具

【圆角矩形工具】🔲可以绘制出圆角的矩形，圆角的大小可以通过半径来控制，选取【圆角矩形工具】后，出现【圆角矩形工具】选项栏，此工具选项栏和矩形工具选项栏类似，参数作用可参考矩形工具选项栏，唯一的不同是在【圆角矩形工具】选项栏中有一个半径文本框，在里面可以输入圆角矩形半径的数值，默认的单位是像素，不同的数值决定着圆角不同的圆滑度，数值越大，绘制的圆角矩形的圆角越圆滑。如图 1.145 所示为半径分别为 10px、20px、30px 和 40px 的圆角矩形。

图 1.145 不同半径的圆角矩形

3．椭圆工具

【椭圆工具】⬭主要用来绘制椭圆或者正圆，选中【椭圆工具】出现它的选项栏，【椭圆工具】的选项栏和【矩形工具】的选项栏相同，可以参考【矩形工具】选项栏的各项设置。

4．多边形工具

【多边形工具】⬡可以绘制出正多边形，如正三角形、正五边形等。单击【多边形工具】，会出现【多边形工具】选项栏，如图 1.146 所示。

图 1.146 【多边形工具】选项栏

单击工具选项栏中的 🖌 右侧的下拉按钮，会出现图 1.147 所示的【多边形工具】的选项设置。

【多边形工具】选项栏中各个参数的具体作用如下。

- ◆ 边：设置绘制的多边形的边数，可以直接在文本框中输入数值，例如：输入"10"，则绘制的图形就是十边形。

图 1.147 　【多边形工具】选项设置

◆ 半径：在半径后面的文本框中可以输入多边形的半径，设置完成后在编辑窗口中单击鼠标并拖动，满足半径要求的多边形就可以绘制完成。

◆ 平滑拐角：这个选项使绘制出的多边形的拐角保持平滑。

◆ 星形：选中此选项，绘制出的多边形为向中心缩进的星形，缩进的程度由其下面的【缩进边依据】文本框中输入的数值来决定。

◆ 平滑缩进：选中这个复选框，可以使绘制的多边形的边平滑的向中心缩进。

5．直线工具

使用【直线工具】 可以绘制直线和箭头，它的选项栏如图 1.148 所示。

图 1.148 　【直线工具】选项栏

单击工具选项栏中的 右侧的下拉按钮，会出现图 1.149 所示的【直线工具】的选项设置。

【直线工具】选项栏中各个参数的具体作用如下：

◆ 粗细：可以在【粗细】文本框中输入直线的宽度，默认单位是像素。

◆ 起点：为直线起始端添加箭头。

◆ 终点：为直线终止端添加箭头。

◆ 宽度：可以在【宽度】文本框中输入箭头宽度和直线宽度的比例，可输入 10%～100% 之间的数值。

图 1.149 　【直线工具】选项设置

◆ 长度：可以在【长度】文本框中输入箭头长度和直线长度的比例，可输入 10%～5000% 之间的数值。

◆ 凹度：定义箭头的凹陷程度，可输入 -50%～50% 之间的数值。

6．自定义形状工具

使用【自定义形状工具】 可以绘制一些不规则的形状，也可以自定义一些形状，选择工具箱中的【自定义形状工具】，显示【自定义形状工具】选项栏，如图 1.150 所示。

图 1.150 　【自定义形状】工具选项栏

【自定义形状工具】选项栏中各个参数的具体作用与前面类似，在此不作介绍。

【自定义形状工具】选项栏中打开【形状】列表，里面有许多预设的形状。如图 1.151 所示。

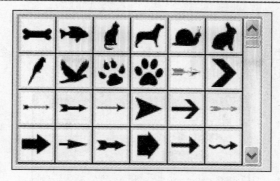

图 1.151 系统提供的自定义形状

1.5.2 【定义图案】命令

执行【编辑】→【定义图案】命令，打开【图案名称】对话框，如图 1.152 所示。【定义图案】命令的作用是能将可见的图像层或文本层定义成图案。如果它们存在于不同的图层中，则只要可见均能被定义成一个图案，定义图案时可以为该图案命名，以后就可以用定义的图案来填充画布或选区。

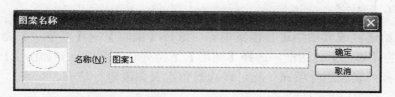

图 1.152 【图案名称】对话框

1.5.3 路径转换为选区

在用【路径】模式创建图形的时候，可以将路径转换为选区，转换方法是：右键单击路径，将出现如图 1.153 所示的快捷菜单，选择【建立选区】命令，将出现如图 1.154 左图所示的【建立选区】对话框。选择羽化值后，单击【确定】按钮，从此可以看到路径转换为选区，如图 1.154 右图所示。

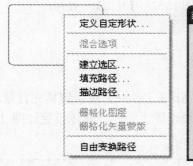

图 1.153 建立选区

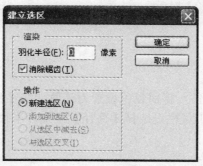 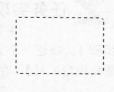

图 1.154 【建立选区】对话框及生成的选区

1.5.4 【描边】命令

选区转换完成后，可以给选区描边，选择【编辑】→【描边】命令，将出现如图 1.155 所示的对话框，选择描边的宽度和颜色即可给选区描边。

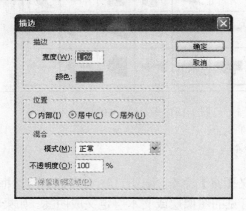

图 1.155　【描边】对话框

1.5.5 【填充】命令

另外可以给选区或者图层进行图案填充，选择【编辑】→【填充…】命令，将出现如图 1.156 所示的【填充】对话框，选择【使用】下拉列表，可以见到如图 1.157 所示的下拉列表，可以选择列表项进行填充；还可以选择自定义图案进行填充。

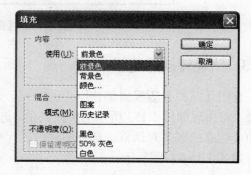

图 1.156　【填充】对话框　　　　　　图 1.157　【使用】下拉列表

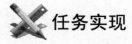 任务实现

步骤 1：新建一个文件，将前景色设置为暗色，按【Alt + Delete】组合键填充背景，选择【圆角矩形工具】，在工具栏里选择【路径】模式，半径设置 "5px"。具体设置如图 1.158 所示。

图 1.158　【圆角矩形工具】栏

步骤 2：按住【Shift】键，拖动鼠标绘制一个正圆角矩形路径，如图 1.159 所示。

步骤 3：按【Ctrl+Enter】组合键，将路径转换成选区，如图 1.160 所示。

步骤 4：按【Ctrl+Shift+N】组合键，新建图层，选择【编辑】→【描边】命令将出现如图 1.161 所示的【描边】对话框。宽度设置"1"像素，白色进行填充，单击【确定】命令。

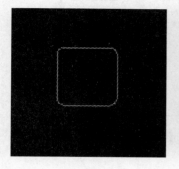

图 1.159 【圆角矩形】路径

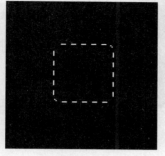

图 1.160 圆角选区

图 1.161 【描边】对话框

步骤 5：按【Ctrl + D】组合键去掉选区，用【矩形框选工具】将白边恰好选中，如图 1.162 所示。将背景层隐藏，如图 1.163 所示。

图 1.162 选中白边

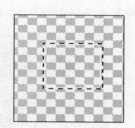

图 1.163 隐藏背景层

步骤 6：执行【编辑】→【定义图案】命令，打开【图案名称】对话框，在名称文本框输入"白边"，单击【确定】按钮，如图 1.164 所示。

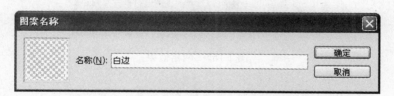

图 1.164 【图案名称】对话框

步骤 7：按【Ctrl + O】组合键，打开本书配套素材文件 01/案例/美女.jpg，如图 1.165 所示。

步骤 8：选择【编辑】→【填充】命令，将出现如图 1.166 所示的【填充】对话框，在【填充】对话框里单击【自定图案】下拉列表，选择刚才定义的"白边"图案，然后单击【确定】按钮，最终的效果如图 1.140 所示。

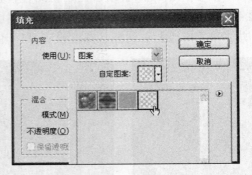

图 1.165　背景图片　　　　　　　　　　图 1.166　【填充】对话框

练习实践

　　打开本书的配套素材文件 01/练习实践/美女.jpg，利用【圆角矩形工具】、【描边工具】、【定义图案】工具、【填充】命令等制作和案例类似的如图 1.167 所示的网格效果。

图 1.167　网格效果

任务6　七星瓢虫

任务描述

　　本案例主要利用【椭圆工具】制作一个瓢虫的身体和身上的斑点、再利用【钢笔工具】制作头和两个触须、利用【减淡工具】和【加深工具】处理绘制的圆，使其具有高光和阴影的效果，使效果更逼真，用【单列选框工具】绘制身体分割线，所得到的效果如图 1.168 所示。

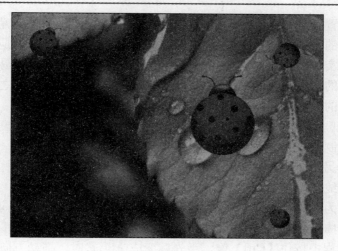

图 1.168　最终效果

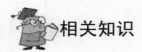相关知识

1.6.1　【钢笔工具】

　　【钢笔工具】是最常使用的路径工具，利用它可以绘制直线路径或曲线路径。选择【钢笔工具】，在编辑窗口的任意位置单击产生一个锚点，在另一个位置单击产生另一个锚点，在两个锚点之间产生一条线段，根据选择锚点和线段的不同，就会绘制多种类型的路径。

1．绘制直线

　　绘制直线路径是绘制路径中最基本的操作，具体操作步骤如下。

　　步骤 1： 选取工具箱中的【钢笔工具】，在工具选项栏中选择【路径方式】，移动鼠标到编辑窗口并单击，制作出直线路径的起始点，如图 1.169 所示。

　　步骤 2： 移动鼠标到另一个位置再次单击，出现一条连接第一个点和第二个点的线段，一条线段就绘制作好了，如图 1.170 所示。

　　步骤 3： 按照相同的方法绘制第二条、第三条、第四条线段，完成多边形的绘制，因为绘制的是一个封闭图形，所以要把起点和终点重合，当鼠标的形状变为时，如图 1.171 所示，表示终点已经连接起点，这时单击鼠标就会绘制出封闭的路径。

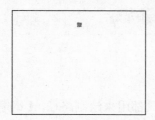　　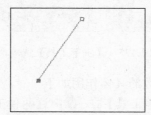　　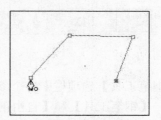

图 1.169　绘制起始点　　　　图 1.170　绘制第一条线段　　图 1.171　多边形角形封闭路径

2．绘制曲线

　　利用【钢笔工具】还可以绘制曲线路径，由上面的介绍读者已经知道绘制路径的关键在

于锚点，锚点的位置确定线段的起点和终点。在实际操作中，锚点的位置比较容易确定，难点在于锚点方向线的控制，方向线有两个控制因素，一个是角度，一个是长度。角度是锚点处的曲线切线，在实际操作中要朝向下一个锚点的方向，这样角度就容易把握；长度影响着曲线和方向线相离的距离，如果曲线的跨度很大，方向线要长一些；反之则短些。下面以波浪线为例说明曲线的绘制过程。

步骤 1： 选择工具箱中的【钢笔工具】，工具选项栏中选取【路径】模式，移动鼠标到编辑窗口单击，绘制曲线的第一个锚点，如图 1.172 所示。

步骤 2： 选择另一个位置再次单击鼠标，确定第二个锚点，按住鼠标不放拖动鼠标，这时就会出现一条曲线，如图 1.173 所示。

第二个锚点称为对称曲线锚点，该锚点两端会有一对呈 180°的方向线，它们的长度相同，方向线影响着曲线段的形状，方向线越长，曲线段越长，方向线角度越大，曲线段斜度也越大。在绘制过程中按住【Ctrl】键，当光标变成 形状时，拖动方向点就可以改变方向线的长短和锚点的位置。在绘制过程中按住【Alt】键，单击绘制好的锚点，此时方向线会折断。锚点两端的方向点各自独立，这样有利于曲线方向的控制。

步骤 3： 按照相同的方法绘制第二条、第三条、第四条曲线，最后的波浪线如图 1.174 所示。

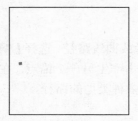 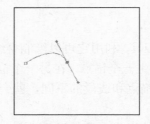 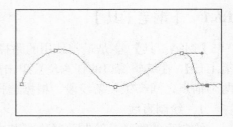

图 1.172　绘制第一个曲线点　　　图 1.173　绘制第一条曲线　　　图 1.174　绘制好的波浪线

绘制好路径后，还可以对其进行描边或填充，具体操作方法见案例。

3.【钢笔工具】选项栏

当在工具箱中选取【钢笔工具】的时候会显示【钢笔工具】的选项，其中包含了形状图层、路径、修改路径方式和橡皮带等选项，如图 1.175 所示。当选取不同的路径工具时，工具选项栏中的选项会发生相应的变化。这里有几个选项在介绍形状工具的时候已经做过说明，可以参见前面的内容。

图 1.175　【钢笔工具】选项栏

【钢笔工具】选项栏中各个参数的具体作用如下。

◆ 【钢笔工具】和【自由钢笔工具】 ：这两种工具都用来绘制路径，【钢笔工具】在前面已经介绍过。

◆ 【形状工作组】 ：在形状工作组中主要包括方形、圆形、多边形和一些自定义的形状工具，利用这些形状工具可以绘制路径，在前面的内容中已经介绍过。

◆ 橡皮带：用鼠标单击 ▼ 按钮，出现橡皮带的下拉菜单，当选中橡皮带前面的复选框时，鼠标在图像上移动就会有一条假想的线段，只有在单击鼠标时，这条线段才会真正存在；如果没有选中此复选框，假想的线段就不会存在。

◆ 自动增加/删除：选中自动增加/删除前面的复选框后，【钢笔工具】就有了增加和删除锚点的功能，选中绘制的线段，把鼠标移动到线段上，当鼠标变成 🖉 时，单击鼠标可以增加锚点；移动鼠标到选中的锚点上，当鼠标的形状变成 🖉 时，单击鼠标可以删除此锚点。

◆ 【创建新的形状工作区】▣：该选项是在选中【形状图层按钮】▢后才出现的，选中该项表示在原来的图层上再新建一个新的形状图层，每次操作都将创建一个新的图层。

◆ 【添加到形状区域】▣：把新增加的形状区域增加到原来的形状区域内，从而形成最后的形状区域。

◆ 【从形状区域减去】▣：最后形成的形状区域是原形状区域减去新绘制的形状区域与原形状区域相交的部分。

◆ 【交差形状区域】▣：最后形成的形状区域是新的形状区域和原形状区域相交的部分。

◆ 【重叠形状区域除外】▣：在原形状区域的基础上，增加新的形状区域，再减去新旧相交的区域，就是最后形成的形状区域。

1.6.2 【路径选择工具】组

当绘制的图像没有满足要求时，就需要对图像进行编辑和调整。当编辑和调整的时候，首先要选取路径，这就要使用【路径选择工具】。路径选择工具包括【路径选择工具】和【直接选择工具】两种，如图1.176左图所示。

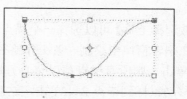

图 1.176 路径选择工具和选择【显示定界框】后

1. 路径选择工具

使用【路径选择工具】▶可以选择一条或几条路径，并可以对其进行移动、组合、排列、分发和变换，选中编辑窗口中已绘制的工作路径，选取工具箱中的【路径选择工具】。

【路径选择工具】选项栏如图1.177所示，其中各个参数的具体作用如下。

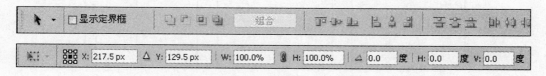

图 1.177 【路径选择工具】选项栏

◆ 显示定界框：当选中【显示定界框】复选框后，在路径周围会出现一个虚线框，它的功能类似于自由变形命令，如图1.176右图所示。

下面介绍选项栏中各项的含义。

◆ X：参考点的水平位置。

◆ Y：参考点的垂直位置。

◆ △：选中这个按钮，X、Y 值表示的是路径的变化值；否则，X、Y 值表示物体控制点▦所在位置的坐标值。

◆ W：设置水平缩放。

◆ H：设置垂直缩放。

◆ ⑧：保持长度比，当选中这个按钮时，宽度和高度等比例缩放。

◆ △：这个图标后面的文本框中输入的值是路径的旋转角度。

◆ H：设置水平斜切角度。

◆ V：设置垂直斜切角度。

当数据改变后，如果确认对路径的操作，按【Enter】键或单击选项栏中的按钮 ✔，如果取消操作可单击按钮 ⊘。

◆ 组合 ：这一组选项用于选择组合方式，选好组合方式后单击组合按钮完成组合。

◆ ：这一组按钮用于对路径进行排列和分布。

2. 直接选择工具

【直接选择工具】 ▶ 用来选择、移动工作路径上的一个或多个锚点和线段。选取工具箱中的【路径选择工具】，单击编辑窗口中的路径，则整个路径都被选中，所有的锚点都以实心显示；选取工具箱中的【直接选择工具】单击路径时，只有被选中的锚点才是实心的，下面介绍【直接选择工具】的用法。

（1）选择锚点

使用【直接选择工具】可以选择一个锚点，也可以同时选择多个锚点。具体操作过程如下：

步骤 1：在编辑窗口中绘制一条工作路径，在工具箱中选择【直接选择工具】，移动鼠标到工作路径上单击，则所有锚点都以空心方块显示，如图 1.178 左图所示。

步骤 2：移动鼠标到锚点 2 上单击，这时锚点 2 变成实心方块，说明锚点 2 被选中，如图 1.178 中间图所示。如果想选中多个锚点，可以在按住【Shift】键的同时用鼠标单击要选择的各个锚点，这样多个锚点就被同时选中了，例如同时选中锚点 2、3、4，如图 1.178 右图所示。

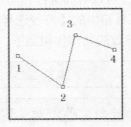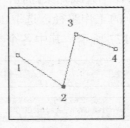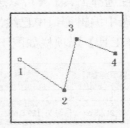

图 1.178 选中一个或多个锚点

（2）移动锚点和线段

可以使用【直接选择工具】移动锚点，具体操作步骤如下。

步骤 1：选取工具箱中的【直接选择工具】，在编辑窗口中的工作路径任意位置上单击，每个锚点都是空心方块显示，如图 1.179 左图所示。

步骤 2：把移动光标到锚点 2 上，单击鼠标不放并拖动到一个新的位置，如图 1.179 中图所示。

步骤 3：按住【Shift】键再同时选中锚点 3、4，把鼠标移动到选中的三个锚点中的任意一个上面，单击鼠标并拖动到新的位置，如图 1.179 右图所示。

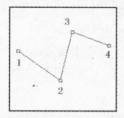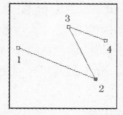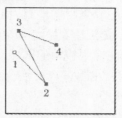

图 1.179　移动一个或多个锚点后的显示结果

1.6.3　单行和单列选框工具

使用工具箱中的【单行选框工具】按钮===或【单列选框工具】按钮，可以选取单行或单列的区域，具体操作方法如下。

步骤 1：右键单击工具箱中的【矩形选框工具】按钮，在弹出的菜单中选择【单行选框工具】按钮===或【单列选框工具】按钮。

步骤 2：在【单行选框工具】或【单列选框工具】的工具选项栏中进行相应参数的设置，该工具选项栏中的参数与【矩形选框工具】的工具选项栏中的参数基本相同。

步骤 3：在图像编辑区中的适当位置单击鼠标，即可创建一个高度为 1 像素或宽度为 1 像素的选区，分别如图 1.180 和图 1.181 所示。

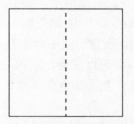

图 1.180　创建单行选区　　　　图 1.181　创建单列选区

1.6.4　减淡和加深工具

1．减淡工具

【减淡工具】的主要作用是加亮图像的区域，或者使颜色变淡，还可以通过提高图像的曝光度来调节图像区域的亮度。单击工具箱上的【减淡工具】按钮，此时的工具选项栏如图 1.182 所示。

图 1.182　【减淡工具】的工具选项栏

◆ 范围：该下拉列表框用于选择更改范围，包括【中间调】、【阴影】和【高光】3 个选项，其中，若选择【中间调】选项，可以更改图像灰色的中间范围；若选择【阴影】选项，可以更改图像暗区；若选择【高光】选项，可以更改图像亮区。

◆ 曝光度：用于改变图像的曝光度。可以直接在数值框中输入数值，也可以单击▶按钮，在弹出的调节杆上拖动滑块改变数值。

【减淡工具】的使用方法如下。

打开本书的配套素材文件 01/相关知识/城堡.jpg 图像文件，单击工具箱上的【减淡工具】按钮 ，选择【减淡工具】，工具箱上的参数根据需要可以进行调整。

将光标移到图像中较暗的区域，拖动鼠标，加亮图像，前后效果如图 1.183 所示。由此可以看到图 1.183 左图有些景色较深，分不清轮廓，经过【减淡工具】处理后，效果有了明显改善。

图 1.183　使用【减淡工具】变暗图像的前后效果

2．加深工具

【加深工具】的作用刚好与【减淡工具】的作用相反，用于通过降低图像的曝光度来调节图像的亮度。【加深工具】的使用方法如下。

打开本书的配套素材文件 01/相关知识/花.jpg，如图 1.184 左图所示，右键单击工具箱上的【减淡工具】按钮 ，在弹出的下拉工具列表中选择【加深工具】按钮 ；在【加深工具】的工具选项栏中对各参数进行设置，这里的参数与【减淡工具】的工具选项栏中的参数基本类似。将鼠标移到图像中想要加深的部分，拖动鼠标即可使图像的颜色变暗，加深后效果如图 1.184 右图所示。

图 1.184　使用【加深工具】淡色图像的前后效果

另外，【减淡工具】和【加深工具】还可以使图像有高光和阴影部分，这样就使图像更真实、逼真，有立体的效果。

1.6.5 【橡皮擦工具】组

1. 橡皮擦工具

【橡皮擦工具】用于擦除图像的颜色。当图像中的某部分被擦除后，在擦除的位置上将填入背景色；若擦除内容是一个透明的图层，擦除后将变为透明。单击工具箱上的【橡皮擦工具】按钮 ，即可选择【橡皮擦工具】。此时的工具选项栏将显示【橡皮擦工具】的工具选项，如图 1.185 所示。

图 1.185 【橡皮擦工具】的工具选项栏

该工具选项栏中的【模式】参数，用来设置擦除方式，包括【画笔】、【铅笔】和【块】3个选项。选择【画笔】和【铅笔】方式擦除图像时，使用的颜色来源是背景色，这时可以根据需要选择不同的画笔形状和大小；当选择【块】方式擦除图像时，不能选择画笔形状和大小，此时只有【抹到历史记录】复选框可以设置，选择该复选框后，橡皮擦具有了类似于【历史记录画笔工具】的功能，能够恢复到某一历史记录的状态。

【橡皮擦工具】的使用方法如下。

步骤 1： 打开配套素材文件 01/相关知识/蝴蝶.jpg。

步骤 2： 单击工具箱上的【橡皮擦工具】按钮 ，选择【橡皮擦工具】。

步骤 3： 在工具选项栏中设置【画笔】类型为 ，【模式】为【画笔】。

步骤 4： 用【吸管工具】选取图像中背景的颜色设为背景色，将图像上面的文字用橡皮擦工具擦除；擦除前后如图 1.186 所示。

图 1.186 【橡皮擦工具】擦除前后的效果

步骤 5： 多次重复步骤 4，接着选取蝴蝶身上的不同颜色，对蝴蝶身上的文字进行擦除，擦除前后效果如图 1.187 所示。

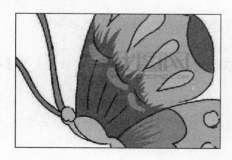 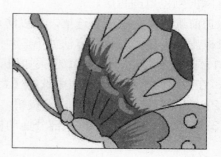

图 1.187 【橡皮擦工具】擦除前后的效果

2. 背景橡皮擦工具

【背景橡皮擦工具】可用于将图层上的像素抹成透明，从而可以在抹除背景的同时在前景中保留对象的边缘。通过指定不同的取样和容差选项，可以控制透明度的范围和边界的锐化程度。

右键单击工具箱上的【橡皮擦工具】按钮，在弹出下拉工具列表中选择【背景橡皮擦工具】。此时的工具选项栏如图 1.188 所示。该工具选项栏中的各参数作用如下。

图 1.188　【背景橡皮擦工具】的工具选项栏

◆ 画笔：用于设置画笔的大小、但只能选取圆形的画笔。单击列表框右侧的下三角按钮，会弹出如图 1.189 所示的面板。

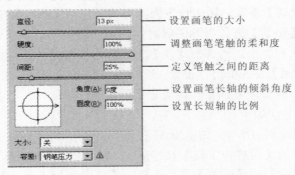

图 1.189　【画笔】面板

◆ 连续取样：可擦除鼠标经过的图像区域。
◆ 取样一次：只擦除包含第一次单击的区域。
◆ 取样背景色板：只擦除包含当前背景色的图像区域。
◆ 限制：用于设置擦除方式，包括【不连续】、【连续】和【查找边缘】3 个选项，【不连续】表示擦除图像中任一位置的颜色；【连续】表示擦除取样点及与取样点相近且相接的颜色；【查找边缘】表示擦除取样点和取样点相连的颜色，同时更好地保留形状边缘的锐化程度。
◆ 容差：单击▶按钮，在弹出的调节杆上拖动滑块，可以改变容差值，容差值越大，抹除的颜色范围越广。
◆ 保护前景色：选中该复选框，可以防止将具有前景色的图像区域擦除。

【背景橡皮擦工具】的使用方法如下。

步骤 1： 打开配套素材文件 01/相关知识/玫瑰花束.jpg，右键单击工具箱上的【橡皮擦工具】按钮，在弹出的下拉工具列表中选择【背景橡皮擦工具】。

步骤 2： 在其工具选项栏中单击按钮，设置【限制】为【连续】。

步骤 3： 在图像编辑区内的背景部分拖动鼠标，即可擦除图像，擦除前后的效果如图 1.190 所示。

3. 魔术橡皮擦工具

使用【魔术橡皮擦工具】可以自动更改所有相似的像素。如果在背景中或是在带有锁定透明区域的图层中擦除，鼠标经过的部分会更改为背景色；否则将被抹成透明。

使用方法和上面两个类似，这里就不再举例。

图 1.190　擦除前后的效果

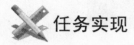 **任务实现**

步骤 1： 打开本书的配套素材文件 01/案例/绿叶.jpg，如图 1.191 所示。

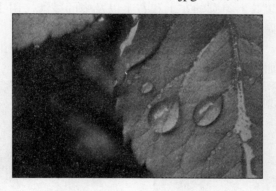

图 1.191　背景图像

步骤 2： 选择【钢笔工具】，选择【路径】模式，绘制一个如图 1.192 左图所示的半圆形状，按【Ctrl + Enter】组合键，生成选区，将前景色设置为深灰色，并按【Alt + Delete】组合键填充选区，并按【Ctrl + D】组合键去掉选区，填充效果如 1.192 右图所示。

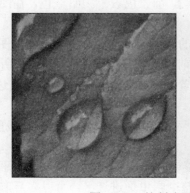
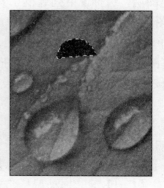

图 1.192　绘制选区并填充深灰色

步骤 3：选择【减淡工具】，在形状上面将颜色减淡，让其出现高光效果。高光效果如图 1.193 所示。

步骤 4：新建一个图层，前景色设置为红色，选择【椭圆工具】，并选择【填充像素】模式，在上面绘制的图形下方绘制一个正圆形，并按【Alt+Delete】组合键填充圆形，填充效果如图 1.194 所示。

图 1.193　高光效果　　　　　图 1.194　圆形效果

步骤 5：用【减淡工具】将圆的左上和右上以及中间减淡，用【加深工具】将边缘处加深，处理完毕后的效果如图 1.195 左图所示。

步骤 6：新建图层，选择【椭圆工具】用【像素填充】模式在上面画一些大小不一的黑点，绘制完毕后的效果如图 1.195 右图所示。

图 1.195　减淡、加深后的效果和加上黑点效果

步骤 7：新建图层，选择【单列选框工具】，前景色设置为暗红色，在图像中间位置单击，并填充，效果如图 1.196 左图所示。

步骤 8：选择【橡皮擦工具】将图形外的线擦掉，效果如图 1.196 右图所示。

步骤 9：新建图层，选择【钢笔工具】在前端画一段曲线，如图 1.197 所示，然后选择【画笔工具】，将画笔按照如图 1.198 所示进行设置，按下【Enter】键，给路径描边，效果如图 1.199 所示。

步骤 10：按【Delete】键，删除路径，然后选择【椭圆工具】在曲线前端绘制一个深灰色的正圆，效果如图 1.199 所示。

步骤 11：按【Alt】键的同时拖动鼠标复制一个触须，然后进行【水平翻转】。效果如图 1.200 所示。再按住【Ctrl】键，拖动鼠标将整个瓢虫拖进选区，可以多复制几个这样的图形，改变方向或者翻转，最终效果如图 1.168 所示。

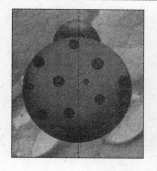
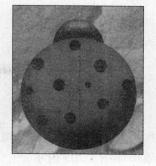

图 1.196　细线填充后效果及擦除后的效果　　　　图 1.197　曲线段

图 1.198　画笔设置效果

图 1.199　触须效果　　　　　图 1.200　复制、翻转后的效果

练习实践

打开本书的配套素材文件 01/练习实践/鸡蛋.jpg 和小孩.jpg，如图 1.201 所示，然后利用【钢笔工具】绘制路径，生成选区，再利用【加深工具】、【减淡工具】调整孩子的面部光泽，最终效果如图 1.202 所示。

图 1.201　素材文件　　　　　图 1.202　最终效果

任务 7　邮票

 任务描述

本案例主要用两张图片，一张作为背景，另一张作为邮票主体，利用【画笔工具】和各种选区工具制作出邮票效果，设计效果如图 1.203 所示。

图 1.203　邮票效果

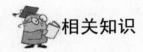 相关知识

1.7.1　【画笔工具】组

1. 画笔工具

使用【画笔工具】可以绘制出比较柔和的线条，单击工具箱中的【画笔工具】按钮，此时的工具选项栏如图 1.204 所示。

图 1.204　【画笔工具】的工具选项栏

该工具选项栏中的各项参数作用如下。

◆ 　：单击该按钮可打开【工具预设】选取器，如图 1.205 所示。其主要作用是存储保存的画笔笔尖设置（如画笔大小、硬度和喷枪），以及【画笔】面板中提供的画笔选项。

◆ 画笔 　：单击【画笔】列表框右侧的下三角按钮，可打开一个下拉面板，如图 1.206 所示，在这里可以选择不同类型、大小的画笔。

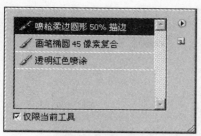

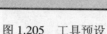

图 1.205   工具预设

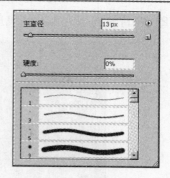

图 1.206   画笔下拉调板

◆ 【模式】：单击【模式】下拉列表框可在其中选择绘图时的颜色混合模式。

◆ 【不透明度】：用来设置绘图的不透明度，取值范围为 1%～100%。用户可以直接在
下拉列表框中输入数值，也可以单击下拉列表框右侧的小三角按钮，在打开的下拉
列表中拖动滑杆来设置值。取值越小，透明程度越大。

◆ 【流量】：用来设置绘图的浓度比率，取值范围为 1%～100%。用户可以直接在下拉
列表框中输入数值，也可以单击下拉列表框右侧的小三角按钮，在打开的下拉列表
中拖动滑杆来设置值。取值越小，颜色越浅；取值越大，颜色越深。

◆ ：选中该按钮可以使用【喷枪工具】。

利用【画笔工具】绘制图形的方法如下。

步骤 1：新建一个文档，背景填充为蓝色—绿色线性渐变，单击工具箱中的【画笔工具】
按钮，选择【画笔工具】，设置前景色为绿色。按 F5 键打开【画笔】面板，在这里可以设
置如图 1.207 所示的各项参数。在【画笔预设】里选择笔尖形状为"草"，主直径设置为"134
px"，然后选择【散布】选项，按照如图 1.208 所示进行设置。

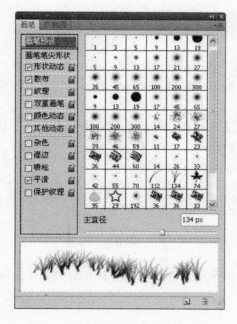

图 1.207   【画笔预设】选项

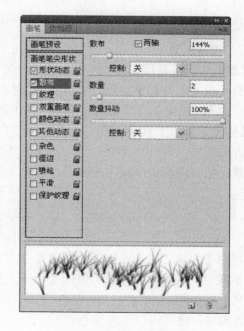

图 1.208   【散布】选项

步骤2： 在背景的下方来回拖曳鼠标，直到满意为止，效果如图 1.209 所示。

图 1.209　绘制效果

步骤3： 再次选择【画笔工具】，选择笔尖形状为"散步叶片"，直径设置为"95 px"，将前景色设置为黄色，在画布中绘制。多次按【Ctrl+J】组合键，复制图层，这样落叶的效果就比较清楚，绘制的效果如图 1.210 左图所示。

步骤4： 将落叶层全部选中，按【Ctrl+E】组合键，合并图层，按【Ctrl+ T】组合键，将落叶层压扁，最后的效果如图 1.210 右图所示。

图 1.210　用【画笔工具】绘制的图形及压扁后的效果

2．铅笔工具

【铅笔工具】常用来画一些棱角突出、尖锐的线条，特别适用于位图图像。右键单击工具箱中的【画笔工具】按钮，在弹出的下拉工具列表中选择【铅笔工具】按钮，即可选择【铅笔工具】，此时的工具选项栏如图 1.211 所示。

【铅笔工具】工具选项栏中的【笔画】、【模式】和【不透明度】的设置与【画笔工具】的设置方法相同。另外，又增加了一个【自动抹除】功能。选中【自动抹除】复选框时，若在与前景色相同的图像区域中绘图时，会自动擦除前景色并填入背景色。

图 1.211　【铅笔工具】的工具选项栏

利用【铅笔工具】绘制图形的方法如下。

步骤1： 右键单击工具箱中的【画笔工具】按钮，在弹出的下拉工具列表中选择【铅笔工具】按钮。

步骤2： 设置前景色为黄色。

步骤3： 在【画笔工具】的工具选项栏中设置"画笔"选项为"粗边圆形钢笔"、直径为

"40px"、模式为"正常"，并选中"自动抹除"复选框。

步骤 4：将鼠标移到绘图区，这时鼠标会变成已选择的画笔形状，拖动鼠标绘制一个"Photoshop"字样，如图 1.212 所示。

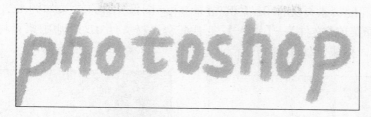

图 1.212　用【铅笔工具】绘制的图形

3．颜色替换工具

使用【颜色替换工具】可以将图像中选择的颜色替换为新颜色。右键单击工具箱中的的【画笔工具】按钮，会弹出一个下拉工具列表，在其中选择【颜色替换工具】，此时的工具选项栏如图 1.213 所示。

图 1.213　【铅笔工具】的工具选项栏

该工具选项栏中的几个重要参数作用如下。

◆ 画笔：在画笔下拉列表中可以调整画笔的直径、硬度及间距。

◆ 连续取样：在图像中拖动鼠标，可以将鼠标经过的区域颜色替换成新设置的前景色。

◆ 取样一次：在整个图像中，只将鼠标第一次单击的颜色区域替换成新设置的前景色。

◆ 取样背景色板：在整个图像中，只将背景色替换成新设置的前景色。

【颜色替换工具】的使用方法如下。

步骤 1：打开配套素材文件 01/相关知识/花.jpg，如图 1.214 左图所示。

步骤 2：右键单击工具箱中的【画笔工具】按钮，在弹出的下拉工具列表中选择【颜色替换工具】。

步骤 3：设置前景色为红色，直径设置为"70px"，单击按钮。

步骤 4：在图像中红色部分单击，拖动鼠标，图像中的"紫花"部分将变成"红色"，而其他部分不变，设置后的效果如图 1.214 右图所示。

图 1.214　【颜色替换工具】应用的前后效果

任务实现

步骤 1：打开配套素材文件 01/案例/背景 3.jpg 图像文件，效果如图 1.215 所示。

步骤 2：选择菜单【文件】→【置入】，打开配套素材文件 01/案例/邮票素材.jpg，按【Enter】键并栅格化图层，效果如图 1.216 所示。

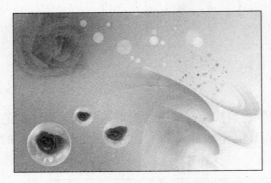
图 1.215　背景效果

图 1.216　背景效果

步骤 3：选择【画笔工具】，按【F5】键，打开【画笔】面板，将画笔按照如图 1.217 所示进行设置，硬度设为"100%"，直径设为"15px"；间距设为"166%"，前景色设置为白色，按住【Shift】键，拖动鼠标，将出现如图 1.218 所示的效果。

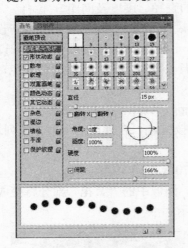
图 1.217　【画笔】面板

图 1.218　画笔效果

步骤 4：同理，再接着向下拖动鼠标，注意横向和纵向的距离和位置要整齐，不要错开，更不要离开，效果如图 1.219 所示。

步骤 5：重复步骤 4，注意连接处要对齐，最终的效果如图 1.220 所示。

步骤 6：用【矩形框选选择工具】，从左上角的那个圆点中心到最后一个圆点的中心制作一个选区。如图 1.221 所示，然后按住【Alt】键，用【矩形选择工具】减去部分选区，得到邮票边缘选区，效果如图 1.222 所示。

图 1.219　行、列效果

图 1.220　完成效果

图 1.221　选择区域

图 1.222　减去选区

步骤 7：前景色设置为白色，按【Alt + Delete】组合键，填充选区色，模式选择正常，效果如图 1.223 所示。

步骤 8：按住【Ctrl】键，单击白色边缘，按住【Ctrl + Shift + I】组合键，反选，按【Shift】键，增加里面的矩形区域，选择邮票图像所在的图层，按【Delete】键，删除多余的边缘，效果如图 1.224 所示。

图 1.223　填充白边

图 1.224　去掉多余的部分

步骤 9：将白边和邮票图像所在的图层按【Ctrl + E】组合键进行合并，并添加上【阴影】，再添加文字做些渲染，或者添加一个邮戳等。至此，邮票制作完成，最终的效果如图 1.203 所示。

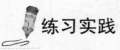
练习实践

打开本书的配套素材文件 01/案例/美女.jpg，利用【画笔工具】制作出如图 1.225 所示的邮票效果。

图 1.225　邮票效果

任务 8　羽毛

任务描述

本案例主要用【渐变工具】、【钢笔工具】、【涂抹工具】制作一个类似羽毛的效果，如图 1.226 所示。

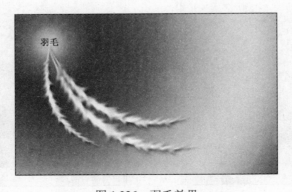

图 1.226　羽毛效果

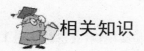相关知识

1.8.1　模糊工具

【模糊工具】在很多图像处理中用到很多，【模糊工具】主要是用于软化图像的硬边缘或区域，使其变得柔和，从而产生一种模糊效果。

【模糊工具】使用方法很简单，打开配套素材文 01/相关知识/花.jpg，单击工具箱上的【模糊工具】按钮 ，此时的工具选项栏如图 1.227 所示，在其中对各项参数进行设置。

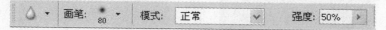

图 1.227　【模糊工具】的工具选项栏

将光标移动到图像中要进行模糊处理的位置，一般情况下，为了突出某部分图像，可以将其他的部分进行模糊处理，按住鼠标左键拖动，此时鼠标所经过的图像部分变得模糊，模糊前后的效果如图 1.228 所示。

图 1.228　模糊前后效果

1.8.2　锐化工具

【锐化工具】可以聚焦软边缘，提高图像清晰度或聚焦程度，从而使图像的边界更加清晰，【锐化工具】的使用方法如下。

打开配套素材文件 01/相关知识/瀑布.jpg，在弹出的下拉工具列表中单击【锐化工具】按钮 ，在工具选项栏中对各项参数进行设置，与【模糊工具】的工具选项栏的设置基本相同；将光标移动到图像中图像部分，按住鼠标左键拖动，经过【锐化工具】处理后的效果如图 1.229 右图所示。

图 1.229　锐化前后的效果

1.8.3　涂抹工具

【涂抹工具】可以模拟用手指划过的效果，从而使图像变得柔和或模糊，【涂抹工具】的使用方法如下：

打开配套素材文件 01/相关知识/火.jpg，选择【涂抹工具】🖐，其用法与【锐化工具】类似，将光标移动到图像中的"火"部分，按住鼠标左键向上拖动，经过多次涂抹后，涂抹前后的效果如图 1.230 所示。

图 1.230　涂抹前后的效果

✖ 任务实现

步骤 1：新建一个文件，然后选择【钢笔工具】，并制作一个曲线段路径，如图 1.231 所示。

步骤 2：选择【画笔工具】，按【F5】键将出现【画笔】面板，画笔笔尖形状选择"尖角 1 像素"，直径为"4px"，间距为"1%"，硬度为"100%"，如图 1.232 所示。

图 1.231　曲线段

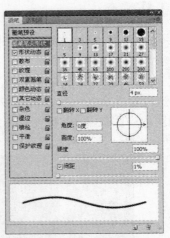

图 1.232　【画笔】面板

步骤 3：设置前景色为白色，新建一个图层，选择【路径】面板，右键单击工作路径，将出现如图 1.233 所示的快捷菜单，选择【描边路径】命令。

步骤 4：在如图 1.234 所示的对话框中，将【模拟压力】选项选中，单击【确定】按钮。

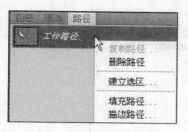

图 1.233　【路径】面板

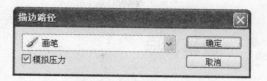

图 1.234　【描边路径】对话框

步骤 5：将出现如图 1.235 所示的效果。并按【Delete】键，删除路径。然后选择【涂抹工具】，在线条边缘处多次涂抹。为了更真实化，可以改变画笔的大小，最终的绘制效果如图 1.236 所示。

图 1.235　描边

图 1.236　涂抹后的效果

步骤 6：复制多个"羽毛"，运用【自由变换】命令改变其大小和方向，最后的效果如图 1.226 所示。

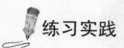

练习实践

模仿本节的案例效果，利用【涂抹工具】、【画笔工具】、【自由变换】制作类似下面的"火焰"效果，如图 1.237 所示。

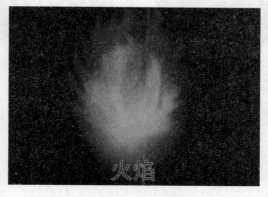

图 1.237　火焰效果

学习情境二 图像色彩调整

教学目标

1. 掌握图像色调调整的方法和技巧；
2. 掌握图像颜色调整的方法和技巧；
3. 掌握最佳调图的技巧。

图像中的色彩是否协调会直接影响图像反映、传达的视觉效果是否真实，因此色彩的运用在图像中起着至关重要的作用。Photoshop CS4 为用户提供了功能非常全面的色彩控制与调整命令，利用这些命令可以使图像展现出梦幻般的色彩效果。

任务 1　打造亮紫肤色

任务描述

本案例主要介绍的是如何将人物棕黄的肤色调整为亮紫色，主要涉及色彩调整中的【曲线】、【色相/饱和度】、【亮度/对比度】、【可选颜色】及【阴影/高光】等命令。使人物显得更加健康、时尚、充满活力。原图像与调整后的图像效果如图 2.1 和图 2.2 所示。

图 2.1　原图像　　　　　　　图 2.2　紫红肤色

2.1.1　曲线

【曲线】的功能非常强大，它可以对整个图片或单独通道进行亮度、颜色及对比度的调整。该命令可以精确地调整高光区域、阴影区域和中间调区域中任意一点的色调与明暗度。更重要的是，这种调整可以是纯感性化的线性调整，也可以是纯理性化的数据精确调整。

选择【图像】→【调整】→【曲线】命令，打开【曲线】对话框，如图2.3所示。

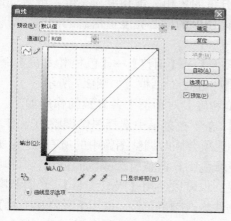

图2.3　【曲线】对话框

图2.4　原图像

【曲线】对话框的部分选项说明如下。

◆ 坐标栏：曲线的水平轴表示原来图像的亮度值，即图像的输入值，垂直轴表示处理后新图像的亮度值，即图像的输出值。在曲线上单击可创建调节点并进行调整。拖动调节点可以设置调节点的位置和曲线弯曲的弧度，达到调整图像明暗程度的目的。上弦线可以使图像变亮，下弦线可以使图像变暗，若线型呈"S"形，则可以调整图像的对比度。选择不需要的节点，按【Delete】键或直接拖至曲线外，可以删除调节点。

◆ 【曲线】按钮 ⬚：在默认情况下，该按钮为选中状态，可在曲线上移动、添加和删除控制点。

◆ 【铅笔】按钮 ⬚：选择该按钮，可以在表格中画出各种曲线。

◆ 【平滑】按钮：选择了【铅笔】按钮，并在表格中绘制完曲线后，该按钮才可使用。单击该按钮，曲线会更加平滑，直到变成默认的直线状态。

◆ 【自动】按钮：单击该按钮，系统会对图像应用【自动颜色校正选项】对话框中的设置。

打开配套素材文件02/相关知识/雪山脚下.jpg，如图2.4所示，选择【图像】→【调整】→【曲线】命令，打开【曲线】对话框，按照图2.5所示进行设置，单击【确定】按钮，此时原本比较暗淡的图像变得鲜亮，感觉天气特别晴朗，效果如图2.6所示。

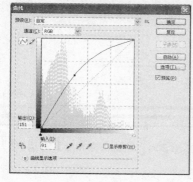

图2.5　调整色阶

图2.6　调整色阶后效果

2.1.2 色相/饱和度

【色相/饱和度】命令可以调整图像中特定颜色分量的色相、饱和度和亮度，或者同时调整图像中的所有颜色。并且，它允许用户在保留原始图像的核心亮度值信息的同时，可以应用新的色相和饱和度值给图像着色。

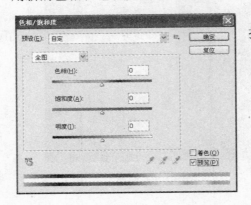

图 2.7 【色相/饱和度】对话框

选择【图像】→【调整】→【色相/饱和度】命令，打开【色相/饱和度】对话框，如图 2.7 所示。

【色相/饱和度】对话框中各参数的作用如下。

◆ 编辑：在下拉菜单中选择图像调整的范围。"全图"选项会同时调整图像中的所有颜色；选择其他颜色则只调整所选颜色的色相、饱和度及亮度；也可以使用【吸管工具】调节图像颜色并修改颜色范围，使用【吸管加工具】可以扩大颜色范围，使用【吸管减工具】可以减小颜色范围。

◆ 色相：通过在文本框中输入数值或拖动滑块进行调整，得到一个新的颜色。

◆ 饱和度：使用【饱和度】调节滑块可以调节颜色的纯度。向右拖动增加纯度，向左拖动降低纯度。

◆ 明度：使用【明度】调节滑块可调节像素的亮度，向右拖动增加亮度，向左拖动减少亮度。

◆ 颜色条：在对话框的底部显示有两个颜色条，代表颜色在颜色条中的次序及选择范围。上面的颜色条显示调整前的颜色，下面的颜色条显示调整后的颜色。

◆ 着色：选中该复选框可为灰度图像上色，或创造单色调效果。

打开配套素材文件 02/相关知识/森林.jpg，如图 2.8 所示，选择【图像】→【调整】→【色相/饱和度】命令，打开【色相/饱和度】对话框，按照图 2.9 所示进行设置，单击【确定】按钮，此时图像效果如图 2.10 所示。

图 2.8 原图像

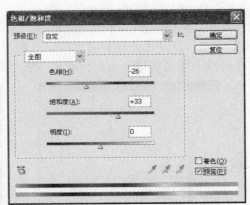

图 2.9 【色相/饱和度】对话框

图 2.10　调整后效果

2.1.3　自然饱和度

【自然饱和度】主要用于调整饱和度，以便在颜色接近最大饱和度时，最大限度地减少修剪。该调整增加与已饱和的颜色相比不饱和颜色的饱和度。【自然饱和度】还可以防止肤色过度饱和。

运用【自然饱和度】的条件有以下三种。

◆　要将更多调整应用于不饱和的颜色并在颜色接近完全饱和时避免颜色修剪，需要将【自然饱和度】的滑块往右侧移动。

◆　要将相同的饱和度调整应用于所有的颜色，可移动饱和度滑块。

◆　要减少饱和度，可以将【自然饱和度】或【饱和度】滑块往左侧移动。

图 2.11　原图像

打开配套素材文件 02/相关知识/视野.jpg，如图 2.11所示，选择【图像】→【调整】→【自然饱和度】命令，打开【自然饱和度】对话框，按照图 2.12 所示进行设置，单击【确定】按钮，此时图像效果如图 2.13 所示。

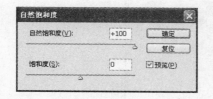

图 2.12　【色相/饱和度】对话框　　　　图 2.13　调整后效果

2.1.4　亮度/对比度

【亮度/对比度】命令可以同时调整图像的亮度和对比度，适合于各色调区的亮度和对比度差异相对悬殊不太大的图像。

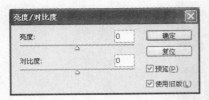

图 2.14 【亮度/对比度】对话框

选择【图像】→【调整】→【亮度/对比度】命令，打开【亮度/对比度】对话框，如图 2.14 所示。将亮度滑块向右移动会增加色调值并扩展图像高光，而将亮度滑块向左移动会减少值并扩展阴影。对比度滑块可扩展或收缩图像中色调值的总体范围。

打开配套素材文件 02/相关知识/乡村.jpg，如图 2.15 所示，选择【图像】→【调整】→【亮度/对比度】命令，打开【亮度/对比度】对话框，将该图像的亮度设置为"80"，对比度设置为"35"，单击【确定】按钮，此时图像效果如图 2.16 所示。

图 2.15 原图像

图 2.16 调整后效果

2.1.5 可选颜色

【可选颜色】命令是一种在高端扫描仪和一些颜色分离程序中使用的技术。它基于组成图像某一主色调的 4 种基本印刷色，选择性地改变某一种主色调的印刷色的含量，而不影响该印刷色在其他主色调中的表现，从而得以对图像的颜色进行校正。

选择【图像】→【调整】→【可选颜色】命令，打开【可选颜色】对话框，如图 2.17 所示。

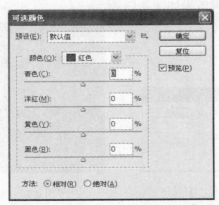

图 2.17 【可选颜色】对话框

【可选颜色】对话框中各参数的作用如下。

◆ 颜色：用于选择所要进行调整的主色。

◆ 4 个滑杆：通过 CMYK 四种印刷基本色来调节它们在选定主色中的成分。

◆ **方法：**用于选择增加或减少每种印刷色的改变量的方法。其中，"相对"表示增加或减少每种印刷色的相对改变量。例如，一个起始含有 50%洋红色的像素增加 10%，则该像素的洋红色含量变为 55%；"绝对"表示增加或减少每种印刷色的绝对改变量。例如，一个起始含有 50%洋红色的像素增加 10%，则该像素的洋红色含量变为 60%。

打开配套素材文件 02/相关知识/梅花.jpg，如图 2.18 所示，选择【图像】→【调整】→【可选颜色】命令，打开【可选颜色】对话框，按照图 2.19 所示进行设置，单击【确定】按钮，此时图像效果如图 2.20 所示。

图 2.18 原图像

图 2.19 【可选颜色】对话框

图 2.20 调整后效果

2.1.6 阴影/高光

【阴影/高光】命令适用于校正由强逆光而形成剪影的照片，或者校正由于太接近相机闪光灯而有些发白的焦点。在用其他方式采光的图像中，这种调整也可用于使阴影区域变亮。【阴影/高光】命令不是简单地使图像变亮或变暗，它基于阴影或高光中的周围像素（局部相邻像素）增亮或变暗。正因为如此，阴影和高光都有各自的控制选项。默认值设置为修复具有逆光问题的图像。【阴影/高光】命令还有【中间调对比度】滑块、【修剪黑色】选项和【修剪白色】选项，用于调整图像的整体对比度。

选择【图像】→【调整】→【阴影/高光】命令，打开【阴影/高光】对话框，单击【显示更多选项】复选框，将所有选项展开，如图 2.21 所示。

【阴影/高光】对话框中各参数具体说明如下。

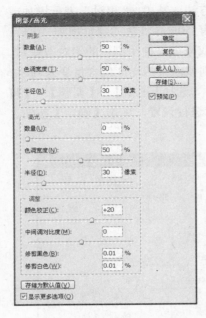

图 2.21 【阴影/高光】对话框

◆ 阴影：在此拖动【数量】滑块或在此数值框中输入相应的数值，可改变暗部区域的明亮程度，其值越大，调整后的图像暗部区域越亮。

◆ 高光：在此拖动【数量】滑块或在此数值框中输入相应的数值，可改变高亮区域的明亮程度，其值越大，调整后的图像高亮区域越暗。

◆ 显示其他选项：为了精细地进行控制，可以选中此复选框进行其他调整。

◆ 色调宽度：拖动此滑块可以控制阴影或高光色调的修改范围。设置为较小的值会只对较暗区域进行阴影校正的调整，并只对较亮区域进行高光校正的调整。设置为较大的值会增大中间调的色调的范围。如果值太大，也可能会导致非常暗或非常亮的边缘周围出现光晕。

◆ 半径：拖动此滑块可以控制每个像素周围的局部相邻像素的大小，相邻像素用于确定像素是在阴影中，还是在高光中。若设置的半径值太大，则调整倾向于使整个图像变亮（或变暗），而不是只使主体变亮。

◆ 颜色校正：拖动此选项的滑块可以在图像的已更改区域中微调颜色，该项仅适用于彩色图像。

◆ 中间调对比度：拖动此选项的滑块可以调整中间的对比度。向左移动滑块会降低对比度，向右移动滑块会增加对比度。

◆ 【修剪黑色】和【修剪白色】：在这两个文本框中可以指定在图像中会将多少阴影和高光剪切到新的极端阴影（色阶为 0）和高光（色阶为 255）颜色，值越大，生成的图像的对比度越大。注意不要使剪切值太大，因为这样做会减小阴影或高光的细节。

◆ 存储为默认值：单击该按钮可以存储当前设置，并使它们成为【阴影/高光】命令的默认设置。在按住【Shift】键的同时单击该按钮，可还原默认设置。

打开配套素材文件 02/相关知识/风景.jpg，如图 2.22 所示。选择【图像】→【调整】→【阴影/高光】命令，弹出【阴影/高光】对话框，设置"阴影"数量为"50"，单击【确定】按钮，此时图像效果如图 2.23 所示。

图 2.22　原图像

图 2.23　调整阴影效果

![实现步骤图标] **实现步骤**

步骤 1：打开配套素材文件 02/案例/模特.jpg，如图 2.1 所示，选择【图像】→【调整】→
【色相/饱和度】命令，打开【色相/饱和度】对话框，将"饱和度"设置为"-38"左右，如
图 2.24 所示，单击【确定】按钮，此时图像效果如图如 2.25 所示。

步骤 2：创建一个新的图层，填充颜色为"#E4E8EB"，并把该层的混合模式设成"正
片叠底"，如图 2.26 所示，此时得到的图像效果如图 2.27 所示。

步骤 3：按【Ctrl+Shift+Alt+E】组合键盖印可见图层，在盖印的图层上，按【Ctrl+Alt+2】
组合键调出图像的高光选区，如图 2.28 所示。

步骤 4：创建新图层，在新图层上为高光选区填充白色，并把该图层的不透明度降至
"49%"左右，取消选择，此时图像效果如图 2.29 所示。

图 2.24　【色相/饱和度】对话框

图 2.25　图像效果

图 2.26　图层

图 2.27　正片叠底效果

图 2.28　高光选区

图 2.29　高光效果

步骤 5：再次按【Ctrl+Shift+Alt+E】组合键盖印可见图层，选择【图像】→【调整】→
【色相/饱和度】命令，打开【色相/饱和度】对话框，将"饱和度"设置为"+36"左右，如
图 2.30 所示，单击【确定】按钮，此时图像效果如图 2.31 所示。

图 2.30　【色相/饱和度】对话框　　　图 2.31　调整饱和度效果　　　图 2.32　高光选区

　　步骤 6：用【套索工具】把人物皮肤上需要进行高光处理的区域框选出来，如图 2.32 所示，再按【Ctrl+J】组合键把选区内容复制到新图层上。

　　步骤 7：在刚才新建的图层上执行【滤镜】→【艺术效果】→【塑料包装】命令，打开【塑料包装】对话框，按照图 2.33 所示进行设置。此时图像效果如图 2.34 所示。

　　步骤 8：再执行【滤镜】→【模糊】→【高斯模糊】命令，将半径设置为 "7.0" 像素，如图 2.35 所示，单击【确定】按钮。再将图层混合模式设置为 "叠加"，不透明度设置为 90%，如图 2.36 所示，此时图像效果如图 2.37 所示。

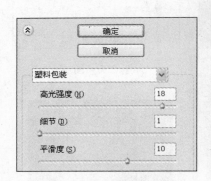

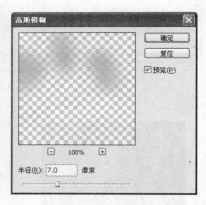

图 2.33　【塑料包装】对话框　　　图 2.34　图像效果　　　图 2.35　【高斯模糊】对话框

　　步骤 9：再次按【Ctrl+Shift+Alt+E】组合键盖印图层，选择【图像】→【调整】→【亮度/对比度】命令，打开【亮度/对比度】对话框，将亮度设置为 "5" 左右，对比度设置为 "16" 左右，如图 2.38 所示，单击【确定】按钮，此时图像效果如图 2.39 所示。

　　步骤 10：选择【滤镜】→【锐化】→【锐化边缘】命令，按【Ctrl+F】组合键再执行一次【锐化边缘】命令，此时图像效果如图 2.40 所示，该步骤可以使人物的细节更加突出、清晰。

　　步骤 11：选择【图像】→【调整】→【可选颜色】命令，打开【可选颜色】对话框，分别对红色和黄色进行设置，如图 2.41 和图 2.42 所示。单击【确定】按钮，此时图像效果如图 2.43 所示。

图 2.36　【高斯模糊】对话框

图 2.37　图像效果

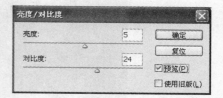

图 2.38　【亮度/对比度】对话框

图 2.39　调整对比度效果

图 2.40　锐化效果

图 2.41　调整红色

图 2.42　调整黄色

步骤 12：选择【图像】→【调整】→【曲线】命令，打开【曲线】对话框，对 RGB 通道进行调整，如图 2.44 所示，单击【确定】按钮，此时图像效果如图 2.45 所示。

步骤 13：选择【图像】→【调整】→【阴影/高光】命令，打开【阴影/高光】对话框，将"阴影"数量设置为"25%"左右，如图 2.46 所示。单击【确定】按钮，至此，亮紫色皮肤效果打造完毕，最终效果如图 2.2 所示。

图 2.43 可选颜色调整

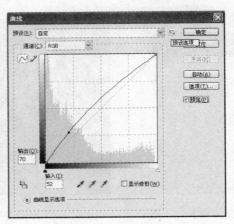

图 2.44 红色通道曲线调整

图 2.45 图像效果

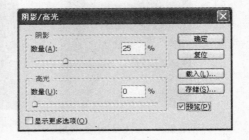

图 2.46 【阴影/高光】对话框

 练习实践

打开配套素材文件 02/练习实践/蝴蝶.jpg，如图 2.47 所示。结合本案例所学知识，综合运用【曲线】、【亮度/对比度】及【色相/饱和度】命令对原始图像的明暗度及颜色进行调整，使图像中的蝴蝶实现明暗平衡、色彩逼真的效果，如图 2.48 所示。

图 2.47 原始效果图

图 2.48 最终效果图

任务2　乡村黄昏景色

 任务描述

本任务实现的是将乡村白天景色变换成黄昏美景，使其别有一番风味。实现该效果主要运用的是色彩调整中的【色阶】、【照片滤镜】及【曲线】命令，利用【色阶】调整照片的明暗平衡，利用【照片滤镜】实现黄昏初步效果，再利用【曲线】命令使图片变暗，使黄昏效果更加逼真的呈现出来。原图像与调整后的效果如图 2.49 和图 2.50 所示。

图 2.49　原图像　　　　　　　　　　　　图 2.50　黄昏效果

 相关知识

2.2.1　色阶

【色阶】命令允许用户通过修改图像暗调、中间调和高光部分的亮度来调整图像的色调范围和色彩平衡。

下面以一个实例来介绍【色阶】命令的功能及其所实现的效果。

步骤 1：打开配套素材文件 02/相关知识/秋树.jpg，如图 2.51 所示。

步骤 2：选择【图像】→【调整】→【色阶】命令，弹出【色阶】对话框，如图 2.52 所示。直方图中呈山峰状的图谱显示了像素在各个颜色处的分布，峰顶表示具有该颜色的像素数量多。左侧表示暗调区域，右侧表示高光区域。

【色阶】对话框中各参数具体说明如下。

◆ 通道：用于选择要进行色调调整的颜色通道。

◆ 输入色阶：用于通过设置暗调、中间调和高光的色调值来调整图像的色调和对比度。

◆ 输出色阶：用于改变图像的对比度，在最下边的颜色条中向右拖动左边的滑块可加亮图像，向左拖动右边的滑块可将图像变暗，两个滑块分别对应两个文本框。

◆ 【载入】按钮：用于将定义好的色阶设置导入，无须对图像再次进行调整。

◆ 【自动】按钮：用于对图像色阶做自动调整。

图 2.51　原图像

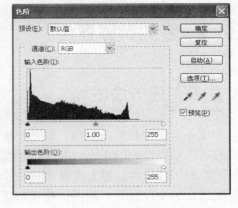

图 2.52　【色阶】对话框

◆ 【选项】按钮：用于对自动色阶调整进行修正。

◆ 【复位】按钮：用于取消当前所作的设置并关闭对话框，按住【Alt】键，此按钮将变成【取消】按钮，单击此按钮可以将图像恢复到调整前的状态。

◆ 【吸管工具】：利用吸管工具也可以对图像的明暗度进行调节，其中使用【黑色吸管工具】可以使图像变暗，而使用【白色吸管工具】可以加亮图像，【灰色吸管工具】用于去除图像的偏色。

步骤 3：在【输入色阶】暗调区域的文本框中设置数值为"9"，在高光区域的文本框中设置数值为"180"，如图 2.53 所示，调整后的图像效果如图 2.54 所示。经过调整色阶后图像的效果实现了明暗平衡。

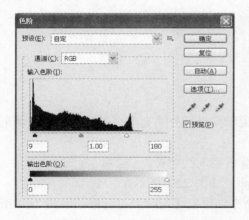

图 2.53　调整色阶

图 2.54　图像效果

2.2.2　照片滤镜

【照片滤镜】命令可以模拟传统光学滤镜特效，调整图像的色调，使其具有暖色调或冷色调，也可以根据实际需要自定义其他的色调。【照片滤镜】命令模仿以下方法：①在相机镜头前面加彩色滤镜，以便调整通过镜头传输的光的色彩平衡和色温；②使胶片曝光。【照片滤镜】命令还允许您选择预设的颜色，以便向图像应用色相调整。

执行【图像】→【调整】→【照片滤镜】命令，打开【照片滤镜】对话框，如图 2.55 所示。

图 2.55　【照片滤镜】对话框

图 2.56　原图像

【照片滤镜】对话框的部分选项说明如下。

◆　滤镜：在其右侧的下拉列表中会列出 20 种预设选项，用户可以根据需要选择合适的选项调节图像。

◆　颜色：单击其右侧的颜色预览，弹出【拾色器】对话框，从中可设置合适的颜色。

◆　浓度：拖动滑块条以便调整应用于图像的颜色数量，该数值越大，应用的颜色调整量越大。

◆　保留亮度：在调整色调的同时保持原图像的亮度。

打开配套素材文件 02/相关知识/公园一角.jpg，如图 2.56 所示。执行【图像】→【调整】→【照片滤镜】命令，打开【照片滤镜】对话框，按照图 2.57 所示进行设置。单击【确定】按钮，图像通过运用【照片滤镜】命令，打造出发黄老照片的效果，如图 2.58 所示。

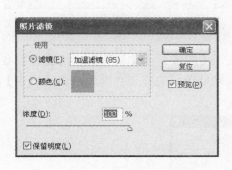

图 2.57　【照片滤镜】对话框

图 2.58　图像效果

实现步骤

步骤 1：打开配套素材文件 02/案例/乡村美景.jpg，如图 2.49 所示。

步骤 2：从图片中可以看出，原图像的明暗度不平衡，缺少暗部区域，选择【图像】→【调整】→【色阶】命令，弹出【色阶】对话框，在【输入色阶】暗调区域的文本框中设置数值为"63"，如图 2.59 所示，单击【确定】按钮，此时图像效果如图 2.60 所示。这时图像的明暗度达到平衡状态。

步骤 3：执行【图像】→【调整】→【照片滤镜】命令，打开【照片滤镜】对话框，滤镜设置为"加温滤镜（85）"，浓度设置为"100%"，勾选【保留明度】复选框，如图 2.61 所示。单击【确定】按钮，此时图像效果如图 2.62 所示。

图 2.59 【色阶】对话框

图 2.60 图像效果

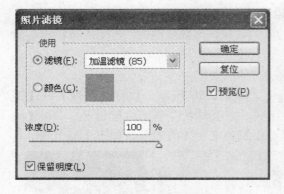

图 2.61 【照片滤镜】对话框

图 2.62 图像效果

步骤 4：为了使图片的黄昏效果更加逼真，再次执行【图像】→【调整】→【曲线】命令，打开【曲线】对话框，按照图 2.63 所示进行设置，降低图片的整体亮度，单击【确定】按钮，图像的最终效果如图 2.50 所示。

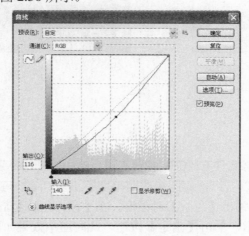

图 2.63 调整色阶

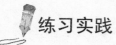

打开配套素材文件 02/练习实践/田间.jpg，如图 2.64 所示。结合本案例所学知识，综合运用【色阶】、【照片滤镜】及【曲线】等命令对原始图像进行调整，使图像达到如图 2.65 所示的效果。

图 2.64　原始效果图　　　　　　　　　　　　图 2.65　最终效果图

任务 3　季节变换

本案例主要通过【色彩调整】命令使周围环境的颜色发生变化，给人一种季节变换的感觉。实现该效果最重要的细节在于【通道混合器】命令的使用，再配合使用【替换颜色】命令、【可选颜色】命令及图层模式，使图像色彩别有韵味。原图像与调整后的效果如图 2.66 和图 2.67 所示。

图 2.66　原始效果图　　　　　　　　　　　　图 2.67　季节变换效果

相关知识

2.3.1 通道混合器

【通道混合器】命令可以通过颜色通道的混合来修改颜色通道，产生图像合成效果，主要运用于对图像的创造性颜色进行调整。该命令可以对图像的色彩做如下处理。

◆ 创造一些颜色，这些颜色是用调整工具不易做到的。

◆ 从每种颜色通道选择一定的百分比来制作高质量的灰度图像。

◆ 创作高质量的棕褐色图像。

◆ 将图像转换到其他可选的颜色空间。

◆ 交换可复制通道。

执行【图像】→【调整】→【通道混合器】命令，打开【通道混合器】对话框，如图 2.68 所示。

【通道混合器】对话框中各参数具体说明如下。

◆ 输出通道：用于选择一个要在其中混合一个或多个现有通道的颜色通道。对不同的颜色模式有不同的可选项。对于 RGB 模式可选择红色、绿色和蓝色通道。

◆ 源通道：通过拖动滑块或在文本框中输入数值，可增大或减小该通道颜色对输出通道的作用。其有效数值在-200～+200 之间，负值表示将原通道先反相，然后加到输出通道上。

◆ 常数：用于改变加到输出通道上的颜色通道的不透明度，负值相当于加上一个黑色通道，正值相当于加上一个白色通道。

◆ 单色：用于将对话框中的设置应用到输出通道，但最后创建的是包含灰度信息的黑白图像。

下面我们将一张彩色图像利用【通道混合器】命令使其变成灰度图像。

打开配套素材文件 02/相关知识/人物.jpg，如图 2.69 所示。执行【图像】→【调整】→【通道混合器】命令，打开【通道混合器】对话框，按照图 2.70 所示进行设置。单击【确定】按钮，得到了灰度图像效果，如图 2.71 所示，确认选中【单色】选项。

图 2.68 【通道混合器】对话框

图 2.69 原图像

图 2.70 【通道混合器】对话框　　　　　图 2.71 灰度图像

2.3.2 替换颜色

使用【替换颜色】命令，可以创建蒙版，以选择图像中的特定颜色，然后替换那些颜色。可以设置选定区域的色相、饱和度和亮度。或者，可以使用拾色器来选择替换颜色。由【替换颜色】命令创建的蒙版是临时性的。

下面以一个实例来介绍【替换颜色】命令的功能与实现效果。

步骤 1：打开配套素材文件 02/相关知识/服饰.jpg，如图 2.72 所示。

步骤 2：执行【图像】→【调整】→【替换颜色】命令，打开【替换颜色】对话框，如图 2.73 所示。

【替换颜色】对话框中各选项的作用如下。

◆ ✏ 🖊 🖊 按钮组：使用该按钮组中的按钮，可以在图像或【选区】状态下的预览框中单击以选择由蒙版显示的区域。如果在【选区】状态下的【选区】中双击，也就是使用拾色器设置要替换的目标颜色。图像或预览框中使用【吸管工具】✏ 单击以选择由蒙版显示的区域。按住【Shift】键并单击或使用【添加到取样】吸管工具🖊 添加区域；按住【Alt】键单击或使用【从取样中减去】吸管工具🖊 移去区域。

图 2.72 原图像　　　　　图 2.73 【替换颜色】对话框

◆ 【选区】按钮：选中该按钮可以在预览框中显示蒙版。蒙版区域是黑色的，其他区域是白色的。部分蒙版区域会根据不透明度显示为不同的灰色色阶。

◆ 【图像】按钮：选中该按钮可以在预览框中显示图像。在处理放大的图像或屏幕空间有限时，该选项非常有用。

◆ 【替换】选项组：在【替换】选项组中可以调整【色相】、【饱和度】、【明度】滑块，改变选区的颜色。

◆ 颜色容差：通过拖动该滑块或输入一个值来调整蒙版的容差。此滑块控制选区中包括相关颜色的程度。

步骤3： 利用【吸管工具】在原图像蓝色上衣的部分吸取，其他参数按照图 2.74 所示进行设置，单击【确定】按钮，此时图像效果如图 2.75 所示。

图 2.74 　【替换颜色】对话框　　　　　图 2.75 　变换颜色

 **实现步骤**

步骤1： 打开配套素材文件 02/案例/季节变换.jpg，如图 2.66 所示。

步骤2： 按【Ctrl+J】组合键，复制图层，名为 "图层 1"。

步骤3： 选择图层 1，执行【图像】→【调整】→【通道混合器】命令，打开【通道混合器】对话框，按照图 2.76 所示进行设置。单击【确定】按钮，此时图像效果如图 2.77 所示。

步骤4： 将图层 1 的模式设置为 "颜色"，如图 2.78 所示。此时图像效果如图 2.79 所示。

步骤5： 选择图层 1，执行【图像】→【调整】→【替换颜色】命令，打开【替换颜色】对话框，利用【吸管工具】按钮在原图像树枝部位进行选取，如图 2.80 框选所示。

步骤6： 【替换颜色】对话框中其他参数按照图 2.81 所示进行设置。单击【确定】按钮，此时图像效果如图 2.82 所示。注意图像底部颜色的变化。

图 2.76 【通道混合器】对话框

图 2.77 图像效果

图 2.78 【通道混合器】对话框

图 2.79 图像效果

可在此选择

图 2.80 选择位置

步骤 7：选择图层 1，执行【图像】→【调整】→【可选颜色】命令，打开【可选颜色】对话框，对"青色"进行调整，将黑色设置为"100%"，如图 2.83 所示，该步骤用来对天空的颜色加深处理，单击【确定】按钮，得到图像的最终效果如图 2.67 所示。

图 2.81　【替换颜色】对话框

图 2.82　图像效果

图 2.83　【可选颜色】对话框

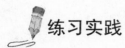练习实践

　　打开配套素材文件 02/练习实践/小提琴.jpg，如图 2.84 所示。结合本案例所学知识，综合运用【通道混合器】及【色相/饱和度】命令，打造一种复古色调的效果，调整后的图像效果如图 2.85 所示。

图 2.84　原图像

图 2.85　图像效果

任务 4　以旧变新

任务描述

　　本任务实现的是利用【色彩平衡】命令并结合【亮度/对比度】命令，将一个旧的铜器变成崭新的效果。原图像与调整后的效果如图 2.86 和图 2.87 所示。

图 2.86　原图像

图 2.87　图像效果

相关知识

2.4.1　色彩平衡

　　【色彩平衡】命令可以简单快捷地调整图像暗调区、中间调区和高光区的各色彩成分，并混合各色彩到平衡。若图像有明显的偏差，可以用该命令来纠正。注意此命令必须确定在【通道】面板中选择了复合通道，因为只有在复合通道下此命令才可用。

　　执行【图像】→【调整】→【色彩平衡】命令，打开【色彩平衡】对话框，如图 2.88 所示。【色彩平衡】对话框中各参数具体说明如下。

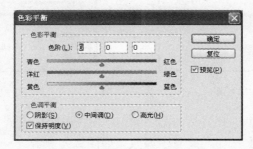
图 2.88　【色彩平衡】对话框

◆ 色彩平衡：可通过调节 3 个滑块或在文本框中输入-100～+100 之间的数值来调节色彩平衡。

◆ 色调平衡：用于选择需要调节色彩平衡的色调区。

◆ 保持亮度：用于在改变色彩成分的过程中，保持图像的亮度值不变。此图像仅对 RGB 图像可用。

下面以一个实例来介绍【色彩平衡】命令的功能及实现效果。

步骤 1：打开配套素材文件 02/相关知识/外国儿童.jpg，如图 2.89 所示。

步骤 2：执行【图像】→【调整】→【色彩平衡】命令，打开【色彩平衡】对话框，选择"中间调"选项，按照图 2.90 所示进行设置。

步骤 3：单击【确定】按钮，此时的图像效果如图 2.91 所示。

　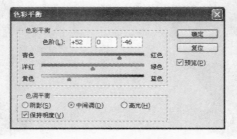　

图 2.89　原图像　　　　　图 2.90　调整中间调　　　　　图 2.91　图像效果

 实现步骤

步骤 1：打开配套素材文件 02/案例/古董.jpg，如图 2.86 所示。

步骤 2：执行【图像】→【调整】→【色彩平衡】命令，打开【色彩平衡】对话框，选择【中间调】选项，按照图 2.92 所示进行设置。

步骤 3：选择【阴影】选项，按照图 2.93 所示进行设置。

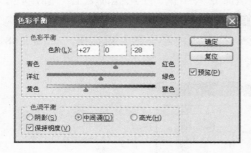　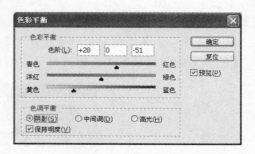

图 2.92　调整中间调　　　　　　　图 2.93　图像效果

步骤 4：选择【高光】选项，按照图 2.94 所示进行设置。

步骤 5：单击【确定】按钮，此时图像效果如图 2.95 所示。

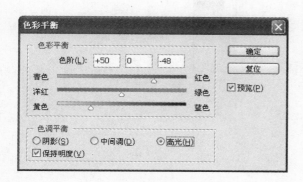

图 2.94 图像效果

图 2.95 色彩平衡效果

步骤 6：执行【图像】→【调整】→【亮度/对比度】命令，打开【亮度/对比度】对话框，按图 2.96 所示进行设置。单击【确定】按钮，得到图像的最后效果，如图 2.87 所示。

练习实践

打开配套素材文件 02/练习实践/佛像.jpg，如图 2.97 所示。结合本案例所学知识，综合运用【色彩平衡】及【亮度/对比度】命令，将佛像原来的色彩还原，最终效果如图 2.98 所示。

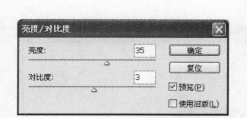

图 2.96 【亮度/对比度】对话框

图 2.97 原图像

图 2.98 佛像还原效果

任务 5 提取细节

任务描述

本案例介绍的是利用【阈值】命令提取插图或漫画的线条。为了能把图像的细节提取出来，应该首先应用【高反差保留】命令，再应用【阈值】命令。原图像与调整后的效果如图 2.99 和图 2.100 所示。

图 2.99　原图像

图 2.100　提取线条

相关知识

2.5.1　阈值

　　【阈值】命令，可以将图像中所有亮度值比它小的像素都变成黑色，所有亮度值比它大的像素都变成白色，从而将一张灰度图像或彩色图像变为对比度较高的黑白图像。

　　打开配套素材文件 02/相关知识/女模.jpg，如图 2.101 所示。选择【图像】→【调整】→【阈值】命令，在【阈值色阶】文本框中输入数值，或拖动滑块可改变域值，其取值范围为 1～255。此例中按默认值设置，如图 2.102 所示，单击【确定】按钮，得到的图像效果如图 2.103 所示。

图 2.101　原图像

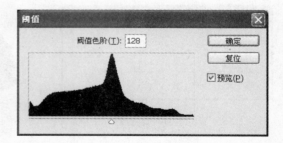

图 2.102　【阈值】对话框

图 2.103　阈值效果

实现步骤

步骤1： 打开配套素材文件 02/案例/雪景.jpg，如图 2.99 所示。

步骤2： 为了能把图像的细节提取出来，首先应用【高反差保留】命令。选择【滤镜】→【其他】→【高反差保留】，弹出【高反差保留】对话框，将半径设置为"2.0"像素，如图 2.104 所示，单击【确定】按钮。该步骤的作用是将图像高反差的地方提取出来，此时图像效果如图 2.105 所示。

步骤3： 选择【图像】→【调整】→【阈值】命令，将【阈值色阶】数值设为"123"，如图 2.106 所示。单击【确定】按钮，得到图像的细节，最终效果如图 2.100 所示。

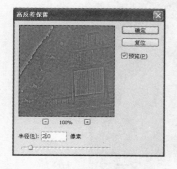

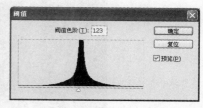

图 2.104　【高反差保留】对话框　　　图 2.105　图像效果　　　　　图 2.106　设置阈值

练习实践

打开配套素材文件 02/练习实践/山峰.jpg，如图 2.107 所示。结合本案例所学知识，首先应用【高反差保留】命令，再应用【阈值】命令，把图像的细节提取出来，提取后的效果如图 2.108 所示。

图 2.107　原图像　　　　　　　　　　图 2.108　提取细节

任务 6　梦幻效果

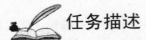　任务描述

本任务实现的是将原始图像调整成云雾缭绕的梦幻效果，实现该效果不但要运用色彩调整相关命令，还要配合使用滤镜特效及图层模式。该案例中涉及的色彩调整命令主要有【渐变映射】命令和【色相/饱和度】命令。原图像与调整后的效果如图 2.109 和图 2.110 所示。

图 2.109　原图像　　　　　　　　　图 2.110　梦幻效果图

相关知识

2.6.1　渐变映射

【渐变映射】命令的主要功能是将渐变作用于图像，将一幅图像的最暗色调映射为一组渐变色的最暗色调、图像的最亮色调映射为渐变色的最亮色调，从而将图像的色阶映射为这组渐变色的色阶。

执行【图像】→【调整】→【渐变映射】命令，打开【渐变映射】对话框，如图 2.111 所示。单击渐变颜色条可对渐变色进行编辑，如图 2.112 所示。

【渐变映射】对话框中各参数具体说明如下。

◆ 灰度映射所用的渐变：在该区域中单击渐变类型选择框即可弹出【渐变编辑器】命令对话框，然后自定义要应用的渐变类型，也可以单击右侧的三角按钮▶，在弹出的渐变预设框中选择一个预设的渐变色。这里所提供的渐变模式与工具箱中的渐变工具的渐变模式是一样的。但两者产生的效果却不一样。主要有两点区别：【渐变映射】功能不能应用于完全透明图层；【渐变映射】功能先对所处理的图像进行分析，然后根据图像中各个像素的亮度，用所选渐变模式中的颜色替代。

◆ 仿色：当该选项被选中后，会添加随机杂色，可以平滑渐变填充的外观。

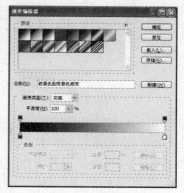

图 2.111 【渐变映射】对话框   图 2.112 编辑渐变色

◆ 反向：该选项选中后，会使图像按反方向映射渐变。

利用【渐变映射】命令可以调出金属质感的图像，下面以一个实例来介绍【渐变映射】命令的功能及实现效果。

步骤1：打开配套素材文件 02/相关知识/花.jpg，如图 2.113 所示。

步骤2：执行【图像】→【调整】→【渐变映射】命令，渐变颜色设置为：#303030（位置：0%）-白色（位置：25%）-#303030（位置：50%）-白色（位置：75%）-#303030（位置：100%），如图 2.114 所示。

步骤3：单击【确定】按钮，得到的图像效果如图 2.115 所示。

图 2.113 原图像   图 2.114 编辑渐变色   图 2.115 渐变效果

实现步骤

步骤1：打开配套素材文件 02/案例/风景.jpg，如图 2.109 所示。

步骤2：按【Ctrl+J】组合键复制出一个图层，名为"图层1"。

步骤3：执行【图像】→【模式】→【Lab 颜色】命令，弹出如图 2.116 所示的对话框，单击【不拼合】按钮。

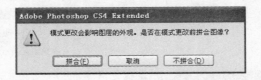

图 2.116　拼合图像

步骤 4：单击"通道"面板，选择 b 通道，按【Ctrl+A】组合键全选，如图 2.117 所示，按【Ctrl+C】组合键复制通道内容。

步骤 5：在"通道"面板上选择 a 通道，再按【Ctrl+V】组合键进行粘贴，如图 2.118 所示。

图 2.117　复制 b 通道　　　　　　　　图 2.118　在 a 通道粘贴

步骤 6：执行【图像】→【模式】→【RGB 颜色】命令，弹出如图 2.116 所示的对话框，单击【不拼合】按钮，此时图像效果如图 2.119 所示。

步骤 7：选择【图像】→【调整】→【色相/饱和度】命令，打开【色相/饱和度】对话框，按图 2.120 所示对图像进行调整，单击【确定】按钮，此时图像效果如图 2.121 所示。

步骤 8：新建一个图层，填充颜色"#FDFAD5"，然后把图层混合模式改为"正片叠底"，如图 2.122 所示，此时图像效果如图 2.123 所示。

步骤 9：按【Ctrl+Alt+Shift+E】组合键盖印图层，如图 2.124 所示。

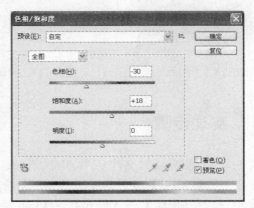

图 2.119　图像效果　　　　　　　　图 2.120　调整色相/饱和度

图 2.121 调整色相/饱和度效果

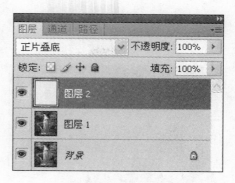

图 2.122 图层模式

图 2.123 正片叠底效果

图 2.124 盖印图层

步骤 10：执行【滤镜】→【模糊】→【高斯模糊】命令，打开【高斯模糊】对话框，设置半径为"6"，如图 2.125 所示，单击【确定】按钮，此时，经过模糊的图像效果如图 2.126 所示。

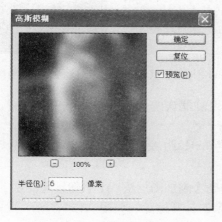

图 2.125 【高斯模糊】对话框

图 2.126 高期模糊效果

步骤 11：将图层 3 的混合模式改为"柔光"，如图 2.127 所示，此时图像效果如图 2.128 所示。

图 2.127 图层模式

图 2.128 柔光效果

步骤 12：按【Ctrl+Alt+Shift+E】组合键盖印图层，执行执行【图像】→【调整】→【渐变映射】命令，打开【渐变映射】对话框，左侧色标颜色设置为"#FCE0E0"，右侧色标颜色设置为"#836380"，如图 2.129 所示。

步骤 13：将图层 4 的混合模式改为"色相"，如图 2.130 所示，此时图像效果如图 2.131 所示。

图 2.129 设置渐变颜色

图 2.130 图层模式

图 2.131 图像效果

步骤 14：新建一个图层，按【D】键，恢复默认的前景色与背景色的设置，执行【滤镜】→【渲染】→【云彩】命令，再重复执行一次。

步骤 15：将图层 5 的混合模式改为"滤色"，如图 2.132 所示，此时图像效果如图 2.133 所示。该步骤给照片加上了云雾效果。

步骤 16：选择图层 5，在图层面板下方单击【添加图层蒙版】按钮，为图层 5 添加蒙版，再将前景色设置为"黑色"，用画笔工具把多余的云雾擦除，如图 2.134 所示。此时图像效果如图 2.135 所示。

步骤 17：执行【滤镜】→【锐化】→【USM 锐化】命令，打开【USM 锐化】对话框，将数量设置为"62%"，半径设置为"4.3"像素，如图 2.136 所示。单击【确定】按钮，此时图像效果如图 2.137 所示。

图 2.132 图层模式

图 2.133 滤色效果

图 2.134 图层模式

图 2.135 图像效果

图 2.136 【USM 锐化】对话框

图 2.137 USM 锐化效果

步骤 18：选择【图像】→【调整】→【曲线】命令，打开【曲线】对话框，按照图 2.138 所示进行设置。单击【确定】按钮，此时图像效果如图 2.139 所示。

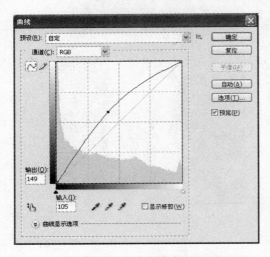

图 2.138　调整曲线

图 2.139　调整曲线效果图

　　步骤 19：选择【图像】→【调整】→【色相/饱和度】命令，打开【色相/饱和度】对话框，按图 2.140 所示进行设置。此时，云雾缭绕的梦幻效果制作完成，最终效果如图 2.110 所示。我们还可以通过【色相/饱和度】命令调出其他颜色的效果，大家可以自己尝试去调整。

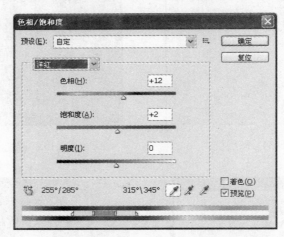

图 2.140　【色相/饱和度】对话框

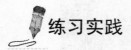　练习实践

　　结合本任务所学的知识点，将本任务的原始图像"风景.jpg"图片调出其他颜色的梦幻效果，如图 2.141 和图 2.142 所示。

图 2.141　梦幻效果 1

图 2.142　梦幻效果 2

学习情境三　图　像　合　成

教学目标

1. 理解图层的作用和特点；
2. 熟悉图层面板的各项功能；
3. 掌握图层样式的用法；
4. 掌握图层蒙版的运用；
5. 了解调整图层的作用。

图像合成是 Photoshop 设计和编辑工作中最常见的应用，而图层则是图像合成的灵魂，因此，图层的熟练运用在图像合成中起到举足轻重的作用。

任务 1　卡通乐园

任务描述

本案例是将三张素材图像的内容合成到一起，从而使图像的内容更加丰富，实例中运用了【移动工具】、【魔棒工具】、【自由变换命令】和【图层】面板的操作等，合成后效果如图 3.1 所示。

图 3.1　效果图

相关知识

图层是 Photoshop 的核心功能之一，它用来装载各种图像的载体。没有图层，图像是无法存在的。可以把图层看做是一张透明的"玻璃纸"，用户可以在这张透明的纸上画画，没有画上的部分将保持透明状态。Photoshop CS4 为用户提供了功能齐全的图层菜单和友好的图层操作面板。

3.1.1　【图层】面板

有关图层的大部分操作都必须在【图层】面板中执行，如图 3.2 所示。熟悉【图层】面板的组成及各部分的作用，可以帮助用户熟练、灵活地在【图层】面板中对每个图层进行编辑和控制操作。

在此仅简单介绍【图层】面板中的各个按钮与控制选项，在后面的实例中将会反复用到各个功能项。

◆ 图层混合模式 正常：该选项用来设置图层的模式。选择不同的混合模式得到不同的图像效果，默认状态下为"正常"。

◆ 图层不透明度 不透明度：100%：该选项用来设置图层的不透明度。当不透明参数为"100%"时，该图层完全可见，处于该图层下方的图层将被遮挡；当透明度为"0%"时，该图层完全透明。如图 3.3 所示是人物所在图层的不透明度为"100%"（前）和"50%"（后）图像不同的效果。

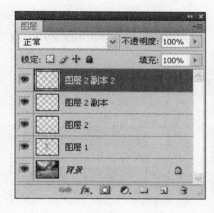
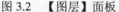

图 3.2　【图层】面板　　　　　　　　图 3.3　不同参数的【不透明度】对比

◆ 图层填充 填充：100%：该选项用来设置图层中图像的不透明度。对图像的任何编辑操作都只对不透明区域有效，对透明区域无效，且不影响作用于该图层上的图层样式的不透明度。

◆ 【图层属性控制】按钮 锁定：：这组按钮用来设置图层的"透明区域可编辑性"、"可编辑"、"可移动"等图层属性，能为锁定的内容起到不同的保护作用。

◆ 【显示/隐藏图层】按钮：该按钮用来设置图层显示与隐藏状态。

◆ 【删除图层】按钮：该按钮用来删除当前图层。

◆ 【新建图层】按钮：该按钮用来新建图层，用鼠标拖动某层到该图标上可以复制该层。

◆ 【创建新组】按钮：该按钮用来新建图层组。

◆ 【创建新的填充或调整图层】按钮：该按钮用来创建填充图层或调整图层。

◆ 【添加图层蒙版】按钮：该按钮用来为当前图层创建蒙版，可用于屏蔽图层中的图像，蒙版中白色区域所对应的图像可见，黑色区域所对应的图像不可见。

◆ 【添加图层样式】按钮：该按钮用来创建图层的样式。单击该按钮，可在弹出的菜单中选择各种图层样式命令。

◆ 【链接图层】按钮：该按钮表示该图层和另一图层有链接关系。对有链接关系的图层操作时，所加的影响会同时作用于链接的两个图层上。

3.1.2　图层基本操作

1．选择单个图层

选择图层是最基础的图层操作，要编辑一个图层必须先选择该图层，使其成为当前编辑图层，在【图层】面板中单击相应图层即可，被选中的图层会以高亮显示，如图 3.4 所示，"图层 2"为当前图层。

2．选择多个连续的图层

选择多个连续的图层，只需在【图层】面板中单击一个图层后，按住【Shift】键，单击另一个图层的名称，则两个图层之间的所有图层都会被选中，如图 3.5 所示。

3．选择多个不连续的图层

选择多个不连续的图层，只需在【图层】面板中单击一个图层后，按住【Ctrl】键的同时单击另外一个图层即可，如图 3.6 所示。

图 3.4　选择单个图层　　　　图 3.5　选择多个连续图层　　　　图 3.6　选择多个不连续图层

4．图层的属性

选择菜单【图层】→【图层属性】命令后，弹出【图层属性】对话框，如图 3.7 所示。在该对话框中可以设置图层的"名字"和"颜色"，在"颜色"下拉列表框中可选择图层的颜色，如红色、橙色、绿色等。

5．复制图层

用户可以在同一图像中复制任何图层（包括背景）或任何图层组，也可以将任何图层或图层组从一个图像复制到另一个图像。

选择菜单【图层】→【复制图层】命令，或【图层】面板菜单中的【复制图层】命令，打开【复制图层】对话框，如图 3.8 所示。

对话框中各参数介绍如下。

◆ 复制：原图层的名称。

◆ 为(A)：复制图层的名称。

◆ 文档：选择将图层复制的目标文件，可以是当前图像文件，也可以是当前 Photoshop 中已打开的其他文件，还可以是新建文件。当选择新建文件，则下面的名称框中要输入新建文档的名称。

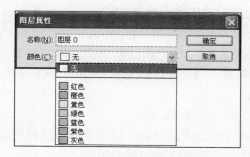

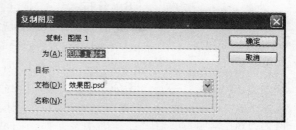

图 3.7　【图层属性】对话框　　　　　图 3.8　【复制图层】对话框

6. 调整图层的顺序

由于上下图层具有遮盖关系，可通过调整上下次序以改变图层的遮盖关系，从而改变图像显示的最终效果。

（1）选择需要移动的图层，直接用鼠标左键拖动图层，当高亮线出现时，释放鼠标左键，即可改变图层的顺序。

（2）选择需要移动的图层，选择菜单【图层】→【排列】命令，如图 3.9 所示。

【排列】子菜单中各命令介绍如下。

◆ 置为顶层：将当前图层移至所有图层的上方。

◆ 前移一层：将当前图层向上移一层。

◆ 后移一层：将当前图层向后移一层。

◆ 置为底层：将当前图层移至所有图层的下方。

◆ 反向：逆序排列当前选择的多个图层。

7. 对齐

链接在一起的几个图层，可以按照一定的规则对齐，如向左对齐、向上对齐等，可以按一定的规则对齐图层中的画面。要对齐链接的图层，可选择菜单【图层】→【对齐】的子菜单命令，如图 3.10 所示。

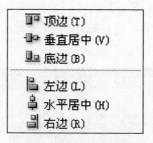

图 3.9　【排列】子菜单　　　　　图 3.10　【对齐】子菜单

【对齐】子菜单中各命令的作用如下。

◆ 顶边：将所有链接图层最顶端的像素与当前图层最上边的像素对齐。

◆ 垂直居中：将链接图层垂直方向的中心像素与当前图层垂直方向中心的像素对齐。

◆ 底边：将链接图层最底端的像素与当前图层最底的像素对齐。

◆ 左边：将链接图层最左端的像素与当前图层最左的像素对齐。

◆ 水平居中：将链接图层水平方向的中心像素与当前图层水平方向的中心像素对齐。

◆ 右边：将链接图层最右端的像素与当前图层最右端的像素对齐。

8．分布

分布链接图层是指与当前图层链接的图层按一定的规则分布在画布上不同的地方。要分布链接图层，可选择菜单【图层】→【分布】子菜单命令，如图 3.11 所示。

图 3.11　【分布】子菜单

【分布】子菜单中各命令的作用如下。

◆ 顶边：从每个图层最顶端的像素开始，均匀分布各链接图层的位置，使它们最顶边的像素间隔相同的距离。

◆ 垂直居中：从每个图层垂直居中的像素开始，均匀分布各链接图层的位置，使它们垂直居中的像素间隔相同的距离。

◆ 底边：从每个图层最底边的像素开始，均匀分布各链接图层的位置，使它们最底边的像素间隔相同的距离。

◆ 左边：从每个图层最左边的像素开始，均匀分布各链接图层的位置，使它们最左边的像素间隔相同的距离。

◆ 水平居中：从每个图层水平居中的像素开始，均匀分布各链接图层的位置，使它们水平居中的像素间隔相同的距离。

◆ 右边：从每个图层最右边的像素开始，均匀分布各链接图层的位置，使它们最右边的像素间隔相同的距离。

分布链接图层必须先设置 3 个或 3 个以上的图层链接，否则无法执行分布操作。

9．图层合并

在 Photoshop 中可以分层处理图像，的确给图像处理带来了很大的方便，但是，当图像中的图层过多时，会影响计算机处理图像的速度，甚至执行一个滤镜都需要花很长的时间。所以当图像的处理基本完成的时候，可以将各个图层合并成一个图层，以节省系统资源。下面介绍 Photoshop 中各种合并图层的操作方法。

（1）合并所有图层

选择菜单【图层】→【拼合图像】命令，或选择图层后单击右键，在弹出的菜单中选择【拼合图像】命令，可以将所有可见图层合并至背景图层中，合并前后【图层】面板如图 3.12 所示。

图 3.12　合并所有图层

使用此方法合并图层时系统会从图像文件中删去所有隐藏的图层，并显示警告消息框，如图 3.13 所示，单击【确定】按钮即可完成合并。

图 3.13 提示删除隐藏的图层

（2）向下合并图层

选择【图层】面板中处于上方的图层，选择菜单【图层】→【向下合并】命令，或者选择【图层】面板菜单中【向下合并】命令，也可以使用【Ctrl+E】组合键将当前图层与下一个图层合并，其他图层则保持不变。

（3）合并可见图层

选择【图层】面板中当前作用的可见图层，选择菜单【图层】→【合并可见图层】命令，或者选择【图层】面板菜单中的【合并可见图层】命令，可以将所有当前显示的图层合并，而隐藏的图层则不会被合并，仍然保留。

10. 图层组

图层组可以帮助用户有效地组织和管理层。当层的结构非常复杂时，使用图层组来管理【图层】面板会变得更有条理，操作起来会变得十分轻松。单击【图层】面板下方的【新建组】按钮 ▢，或选择菜单【图层】→【新建】→【组】命令，或者选择【图层】面板弹出菜单中的【新建组】命令，都可弹出如图 3.14 所示的【新建组】对话框，在该对话框中根据需要设置选项后单击【确定】按钮，即可完成图层组的创建。

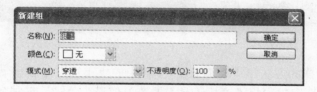

图 3.14 【新建组】对话框

任务实现

步骤 1：在 Photoshop CS4 中打开配套素材文件 03/案例/房子.jpg、女孩.jpg 和小鸡.jpg，如图 3.15 所示。

图 3.15 素材图片

步骤 2：切换到"女孩.jpg"图像文件，选择【魔棒工具】，设置【魔棒工具】选项栏参数如图 3.16 所示，选中【添加到选取】按钮、容差为"20"。

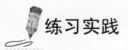

图 3.16 【魔棒工具】选项栏参数设置

步骤 3：单击白色区域，并使用【Shift+Ctrl+I】组合键进行反选，如图 3.17 所示。

步骤 4：选择【移动工具】，将选中的"女孩"复制到"房子.jpg"图像文件中，使用【Ctrl+T】组合键适当调整大小，调整时注意保持原有图像的宽高比，并移动到合适的位置，如图 3.18 所示。

图 3.17 选区操作   图 3.18 合并后的图像

步骤 5：使用同样的方法将"小鸡.jpg"文件中的"小鸡"复制到"房子.jpg"文件中，并放至合适位置，在选取时可将【魔棒工具】的容差值设为"5"。复制多个"小鸡"，并适当调整大小，移动到不同的位置，最终效果如图 3.1 所示。

练习实践

借助于【图层】面板将配套素材文件 03/练习实践/蓝色背景.jpg、女孩.jpg 和化妆品.tif进行合成，如图 3.19 所示，合成后的参考效果如图 3.20 所示。

图 3.19 素材图像

图 3.20　参考效果图

任务 2　产品宣传

 任务描述

本案例是为宣传化妆品而制作的网页横幅，使用了三张素材图片进行合成。在设计过程中运用了【裁切工具】、【移动工具】、【文字工具】、羽化、图层不透明度、图层样式和多种图层混合模式等，效果如图 3.21 所示。

图 3.21　效果图

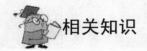 相关知识

3.2.1　图层混合模式

所谓图层混合模式是指某图层与其下方图层的色彩叠加方式，一般使用正常模式，除了正常模式以外，还有很多种混合模式，灵活运用不同的模式可以产生特别的合成效果。

设定下方图层的颜色为基色，上方图层的颜色为混合色，最终看到的颜色为结果色，下面用两幅图片来介绍不同的混合模式下颜色产生的变化，其中，图 3.22 中左图为基色，右图为混合色。

（1）正常模式

系统的默认模式，采用该模式时与原图没有区别，效果如图 3.23 所示。

（2）溶解模式

若图层的不透明度小于 100%，根据任何像素位置的不透明度，结果色由基色或混合色的像素随机替换。如图 3.24 所示不透明度设置为 80%时图像效果。

 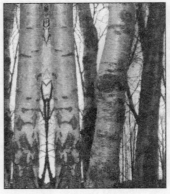 

图 3.22　基色（左图）与混合色（右图）　　　　　　　图 3.23　正常模式

（3）变暗模式

查看每个通道中的颜色信息，并选择基色或混合色中较暗的颜色作为结果色，将替换比混合色亮的像素，而比混合色暗的像素保持不变。效果如图 3.25 所示。

（4）变亮模式

查看每个通道中的颜色信息，并选择基色或混合色中较亮的颜色作为结果色，比混合色暗的像素被替换，比混合色亮的像素保持不变。效果如图 3.26 所示。

图 3.24　溶解模式　　　　　　图 3.25　变暗模式　　　　　　图 3.26　变亮模式

（5）正片叠底模式

查看每个通道中的颜色信息，并将基色与混合色复合，结果色总是较暗的颜色。任何颜色与黑色复合产生黑色，任何颜色与白色复合保持不变。当您用黑色或白色以外的颜色绘画时，绘画工具绘制的连续描边产生逐渐变暗的颜色。效果如图 3.27 所示。

（6）滤色模式

查看每个通道的颜色信息，并将混合色的互补色与基色复合，结果色总是较亮的颜色。用黑色过滤时颜色保持不变。用白色过滤将产生白色。此效果类似于多个摄影幻灯片在彼此之上投影。效果如图 3.28 所示。

（7）颜色加深模式

查看每个通道中的颜色信息，并通过增加对比度使基色变暗以反映混合色，与白色混合后不产生变化。效果如图 3.29 所示。

（8）颜色减淡模式

查看每个通道中的颜色信息，并通过减小对比度使基色变亮以反映混合色，与黑色混合则不发生变化。效果如图 3.30 所示。

图 3.27　正片叠底模式图　　　　图 3.28　滤色模式　　　　图 3.29　颜色加深模式

（9）线性加深模式

查看每个通道中的颜色信息，并通过减小亮度使基色变暗以反映混合色，与白色混合后不产生变化。效果如图 3.31 所示。

（10）线性减淡模式

查看每个通道中的颜色信息，并通过增加亮度使基色变亮以反映混合色，与黑色混合则不发生变化。效果如图 3.32 所示。

图 3.30　颜色减淡模式　　　　图 3.31　线性加深模式　　　　图 3.32　线性减淡模式

（11）深色模式

比较混合色和基色的所有通道值的总和，并显示值较小的颜色。深色模式不会生成第三种颜色（可以通过变暗混合获得），因此它将从基色和混合色中选择最小的通道值来创建结果颜色。效果如图 3.33 所示。

（12）浅色模式

比较混合色和基色的所有通道值的总和并显示值较大的颜色。"浅色"不会生成第三种颜色（可以通过"变亮"混合获得），因为它将从基色和混合色中选择最大的通道值来创建结果颜色。效果如图 3.34 所示。

（13）叠加模式

复合或过滤颜色，具体取决于基色。图案或颜色在现有像素上叠加，同时保留基色的明暗对比。不替换基色，但基色与混合色相混以反映原色的亮度或暗度。效果如图 3.35 所示。

图 3.33　深色模式　　　　　　图 3.34　浅色模式　　　　　　图 3.35　叠加模式

（14）柔光模式

使颜色变暗或变亮，具体取决于混合色。此效果与发散的聚光灯照在图像上相似。如果混合色（光源）比 50%灰色亮，则图像变亮，就像被减淡了一样；如果混合色（光源）比 50%灰色暗，则图像变暗，就像被加深了一样。用纯黑色或纯白色绘画会产生明显较暗或较亮的区域，但不会产生纯黑色或纯白色。效果如图 3.36 所示。

（15）强光模式

复合或过滤颜色，具体取决于混合色。此效果与耀眼的聚光灯照在图像上相似。如果混合色（光源）比 50%灰色亮，则图像变亮，就像过滤后的效果。这对于向图像添加高光非常有用。如果混合色（光源）比 50%灰色暗，则图像变暗，就像复合后的效果。这对于向图像添加阴影非常有用。用纯黑色或纯白色绘画会产生纯黑色或纯白色。效果如图 3.37 所示。

（16）亮光模式

通过增加或减小对比度来加深或减淡颜色，具体取决于混合色。如果混合色（光源）比50%灰色亮，则通过减小对比度使图像变亮。如果混合色比 50%灰色暗，则通过增加对比度使图像变暗。效果如图 3.38 所示。

（17）线性光模式

通过减小或增加亮度来加深或减淡颜色，具体取决于混合色。如果混合色（光源）比 50%灰色亮，则通过增加亮度使图像变亮。如果混合色比 50%灰色暗，则通过减小亮度使图像变暗。效果如图 3.39 所示。

（18）点光模式

根据混合色替换颜色，如果混合色（光源）比 50%灰色亮，则替换比混合色暗的像素，而不改变比混合色亮的像素，如果混合色比 50%灰色暗，则替换比混合色亮的像素，而比混合色暗的像素保持不变，这对于向图像添加特殊效果非常有用，效果如图 3.40 所示。

图 3.36 柔光模式

图 3.37 强光模式

图 3.38 亮光模式

（19）实色混合模式

用于将基色和混合色进行混合，使其达成统一的效果，效果如图 3.41 所示。

图 3.39 线性光模式

图 3.40 点光模式

图 3.41 实色混合模式

（20）差值模式

查看每个通道中的颜色信息，并从基色中减去混合色，或从混合色中减去基色，具体取决于哪一个颜色的亮度值更大。与白色混合将反转基色值；与黑色混合则不产生变化。效果如图 3.42 所示。

（21）排除模式

创建一种与"差值"模式相似但对比度更低的效果，与白色混合将反转基色值，与黑色混合则不发生变化。效果如图 3.43 所示。

（22）色相模式

用基色的亮度和饱和度，以及混合色的色相创建结果色。效果如图 3.44 所示。

（23）饱和度模式

用基色的亮度和色相，以及混合色的饱和度创建结果色。在灰色的区域上用此模式不会产生变化。效果如图 3.45 所示。

（24）颜色模式

用基色的亮度以及混合色的色相和饱和度创建结果色，这样可以保留图像中的灰阶，并且对于给单色图像上色和给彩色图像着色都会非常有用。效果如图 3.46 所示。

（25）明度模式

用基色的色相和饱和度，以及混合色的亮度创建结果色。此模式创建与"颜色"模式相反的效果。效果如图 3.47 所示。

图 3.42　差值模式

图 3.43　排除模式

图 3.44　色相模式

图 3.45　饱和度模式

图 3.46　颜色模式

图 3.47　明度模式

　　在设置图层混合模式时，初学者往往不会一步到位地选择需要的混合模式。不用着急，可先在模式下拉列表框中选择任意一种混合模式来观察效果。细心的读者可以发现，滤色和正片叠底所在组的模式是相互对应的，其中滤色可以过滤掉黑色，而正片叠底可以过滤掉白色，这样将为以黑白图片为底色的素材省去了麻烦的抠图操作。

✎ 任务实现

　　步骤 1：在 Photoshop CS4 中打开配套素材文件 03/案例/背景.jpg、人物.jpg 和化妆品.jpg，如图 3.48 所示。

图 3.48　素材图片

步骤 2：使用【裁切工具】在背景图像中选择如图 3.49 所示的图像区域进行裁切，作为本例的背景。

图 3.49　裁切后的背景图像

步骤 3：将化妆品图像复制至背景图像中，生成"图层 1"并在【图层】面板上将图层 1 的图层混合模式设为"正片叠底"，将"图层 1"复制两次，如图 3.50 所示。

图 3.50　将化妆品图像移到背景中

步骤 4：将人物图像复制到背景图像中，生成"图层 2"，在"图层 2"的人物面画出椭圆形选区，选择【选择】→【修改】→【羽化】选项，弹出【羽化选区】对话框，将羽化半径设为"30 像素"，然后进行【修改】→【反选】操作，然后按【Delete】键多次进行删除，直到达到满意效果。图像效果如图 3.51 所示。

图 3.51　将人物图像移到背景中

步骤 5：在"图层 2"上按【Ctrl+T】组合键后，单击右键选择【水平翻转】，然后新建一空白图层，生成"图层 3"，在"图层 2"上按【Ctrl】键取出人物所对应的选区，切换当前操作图层到图层 3，并为"图层 3"上的人物选区填充颜色"#f6aff6"，将"图层 3"的图层混合模式设为"叠加"。图像效果如图 3.52 所示。

步骤 6：选择【文字工具】，输入产品名称"CLINIQUE"，字体和字号设置如图 3.53 所示，为文字设置【投影】和【描边】的图层样式，描边颜色为白色，其他参数采用默认值，再将文字所在图层的图层混合模式设为"叠加"。图像效果如图 3.54 所示。

图 3.52　修饰人物图像

图 3.53　文字工具栏

图 3.54　添加文字的图像效果

步骤 7：添加文字"你的选择没有错" 字体为"华文行楷"，字号为"24 点"，为文字设置【投影】和【描边】的图层样式，描边大小为"1 像素"，描边颜色为白色，其他参数采用默认值，再将文字所在图层的图层混合模式设为"叠加"。图像效果如图 3.55 所示。

步骤 8：添加文字"时尚之选"，字体和字号如图 3.56 所示，再将该文字图层的"图层混合模式"设为溶解。图像效果如图 3.21 所示。

图 3.55　添加文字后的图像效果

图 3.56　【文字工具】选项栏

 练习实践

运用 03/练习实践文件夹中的图片文件婚纱美女.jpg，如图 3.57 所示，制作明信片，使用

【渐变工具】填充背景和线条方框，使用多种图层混合模式和图层的不透明度来修饰图像。合成后的效果如图 3.58 所示。

图 3.57　素材图像

图 3.58　明信片效果图

任务 3　婚纱摄影海报

　任务描述

本例主要是将多幅婚纱照片进行合成。案例中多次采用【投影】、【内发光】和【描边】等图层样式来修饰并突出主题。图像合成后效果如图 3.59 所示。

图 3.59　案例效果图

　相关知识

3.3.1　图层样式

Photoshop 的图层样式效果非常丰富，以前需要用很多步骤制作的效果在这里设置几个参数就可以轻松完成，很快成为设计图片效果的重要手段之一。

下面将对 Photoshop 图层样式的设置进行详细的介绍。

117

1. 图层混合选项

图层样式对话框左侧列出的选项最上方就是【混合选项：默认】，如果修改了右侧的选项，其标题将会变成【混合选项：自定义】。

【图层样式】对话框中的【混合选项】可以更改图层的不透明度，以及与下面图层像素的混合方式，在对话框的中间区域提供了常规和高级的混合选项，如图 3.60 所示。

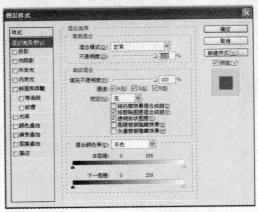

图 3.60　【图层样式】对话框

【混合选项】对话框中各参数具体说明如下。

◆ 混合模式：用来设置图层的混合效果。

◆ 不透明度：用来设置图层的不透明度，这个选项的作用和层面板中的一样。在这里修改不透明度的值，【图层】面板中的设置也会有相应的变化，这个选项会影响整个层的内容。将圆形添加了【投影】的图层样式后，再对圆形的不透明度进行调整，前后效果如图 3.61 所示。

◆ 填充不透明度：用来设置填充图层的不透明度。这个选项只会影响层本身的内容，不会影响层的样式。因此调节这个选项可以将层调整为透明的，同时保留层样式的效果。如图 3.62 所示，填充不透明度被设置为"30%"，只有图层的内容受到了不透明度变小的影响，而该图层层样式（投影）部分则没有受到影响。注意与上面"不透明度"的设置进行对照。在填充不透明度的调整滑杆下面有三个复选框，用来设置填充不透明度所影响的色彩通道。通道的选择因所编辑的图像类型而不同，默认情况下，混合图层或图层组时包括所有通道，但用户可以限制混合，以便在混合图层或图层组时只更改指定通道的数据。

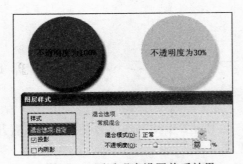

图 3.61　不透明度设置前后效果

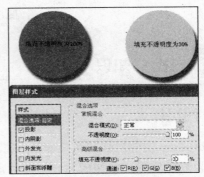

图 3.62　填充不透明度设置前后效果

◆ 挖空：挖空方式有三种：深、浅和无，用来设置当前层在下面的层上"打孔"并显示下面层内容的方式。如果没有背景层，当前层就会在透明层上"打孔"。

要想看到"挖空"效果，必须将当前层的填充不透明度（而不是普通层不透明度）设置为 0 或者一个小于 100% 的设置来使其效果显示出来。

如果对不是图层组成员的层设置"挖空"，这个效果将会一直穿透到背景层，也就是说当前层中的内容所占据的部分将全部或者部分显示背景层的内容（按照填充不透明度的设置不同而不同）。在这种情况下，将"挖空"设置为"浅"或者"深"是没有区别的。但是如果当前层是某个图层组的成员，那么"挖空"设置为"深"或者"浅"就有了区别。如果设置为"浅"，打孔效果将只能进行到图层组下面的一个层，如果设置为"深"，打孔效果将一直深入到背景层。下面通过一个例子来说明。

这幅图片由五个图层组成，"背景层"所填充的颜色为"黑色"、"背景层"上面是"图层1"，所填充的颜色为灰色、再上面是"图层2"、"图层3"、"图层4"，所填充的颜色分别是红、绿和蓝，最上面的这三个层组成了一个层组。图像和【图层】面板如图 3.63 所示。

图 3.63　图像和对应的【图层】面板

选择"图层3"，打开【图层样式】对话框，设置挖空为"浅"，并将"填充不透明度"设置为"0"，可以得到如图 3.64 所示的效果。

可以看到，"图层4"中蓝色圆所占据的区域打了一个"孔"，并深入到"图层1"上方，从而使"图层1"的灰色显示出来。由于填充不透明度被设置为"0"，"图层1"的颜色完全没有保留。如果将填充不透明度设置为大于"0"的值，会有略微不同的效果。

如果再将"挖空"方式设置为"深"，将得到如图 3.65 所示效果。

◆ 【将内部效果混合成组】复选框：这个选项用来使混合模式影响所有落入这个层的非透明区域的效果，比如内测发光、内侧阴影、光泽效果等都将落入层的内容中，因而会受到其影响。但是其他在层外侧的效果（比如投影效果）由于没有落入层的内容中，不会受到影响。例如，首先为"图层4"添加一个"光泽"效果，如图 3.66 所示。

首先选中【将内部效果混合成组】，然后在混合选项中调整填充不透明度，最后将填充不透明度设置为"0"，得到的效果是蓝色部分完全消失，如图 3.67 所示。

如果不选中【将内部效果混合成组】，虽然蓝色部分消失，但是【光泽】效果仍然保留了下来，如图 3.68 所示。

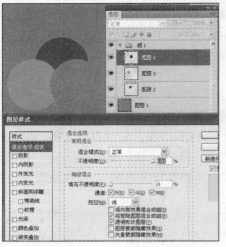

图 3.64　挖空设置为"浅"的图片效果

图 3.65　挖空设置为"深"的图片效果

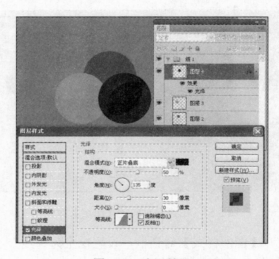

图 3.66　光泽效果

图 3.67　【将内部效果混合成组】勾选

3.68　【将内部效果混合成组】未勾选

◆ 【将剪贴图层混合成组】复选框：该选项可以将构成一个剪切组的层中最下面的那个层的混合模式样式应用于这个组中的所有的层。如果不选中该选项，组中所有的层都将使用自己的混合模式。

为了演示这个效果，首先在上面的例子中将"图层3"和"图层4"转换成"图层2"的剪切图层，方法是按住【Alt】键单击图层之间的横线。效果如图3.69所示。

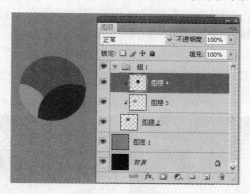

图3.69　将"图层3"和"图层4"转换成"图层2"的剪切图层

接下来双击"图层2"打开其【图层样式】对话框，选中【将剪切图层混合成组】选项，然后减小"填充不透明度"，可以得到如图 3.70 所示的效果，注意其中的绿色区域和蓝色区域分别是"图层3"和"图层4"的内容也受到了影响。

如果不选中"将剪切图层混合成组"选项，调整"填充不透明度"会得到如图3.71所示的效果，注意"图层3"和"图层4"的内容没有受到影响。

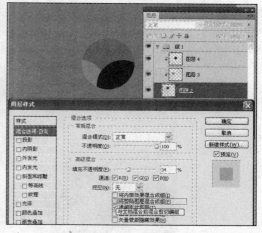

图3.70　【将剪贴图层混合成组】勾选　　　　图3.71　【将剪贴图层混合成组】未勾选

◆ 【透明形状图层】复选框：在决定内部形状和效果时使用图层的透明度。
◆ 【图层蒙版隐藏效果】复选框：使用图层蒙版隐藏图层和效果。
◆ 【矢量蒙版隐藏效果】复选框：使用矢量蒙版隐藏图层和效果。
◆ 【混合颜色带】下拉列表框：可选择一个颜色，然后拖动滑块设置混合操作的范围。它包含 4 个选项，分别是【灰色】、【红色】、【绿色】和【蓝色】，使用时可以根据需要选择适当的颜色进行调节。

这是一个相当复杂的选项，通过调整这个滑动条可以让混合效果只作用于图片中的某个特定区域，你可以对每一个颜色通道进行不同的设置，如果要同时对三个通道进行设置，应当选择"灰色"。"混合颜色带"功能可以用来进行高级颜色调整。

在"本图层"有两个滑块，比左侧滑块更暗或者比右侧滑块更亮的像素将不会显示出来。在"下一图层"上也有两个滑块，但是作用和上面的恰恰相反，图片上在左边滑块左侧的部分将不会被混合，相应的，亮度高于右侧滑块设定值的部分也不会被混合。如果当前层的图片和下面的层内容相同，进行这些调整可能不会有效果。

下面通过一个实例介绍【混合颜色带】的使用方法。

步骤1：在 Photoshop CS4 中打开配套素材文件 03/相关知识/白云.jpg 和树.jpg，如图 3.72 所示。

图 3.72　素材图像

步骤2：使用【移动工具】将白云图像复制到文件"树.jpg"中，双击"白云"所在图层，弹出【图层样式】对话框，对"混合颜色带"进行调整，调整后的图像效果和【图层样式】如图 3.73 所示，注意这里是图片中颜色较深的蓝色部分变成了透明的，而白色云彩的颜色仍然保留。

图 3.73　调整本图层滑动块为"145"

可以看到，留下的部分周围出现了明显的锯齿和色块，你可能会感到这个功能用处不会太大，其实它的强大威力还远没有发挥出来。假设想要将云彩放入树的天空中，只需要对"混合颜色带"进行调整就可以实现。

步骤3：为了使云彩的边缘部分平稳过渡，可以将"本图层"滑动块分成两个独立的小滑块进行操作，操作方法是按住【Alt】键拖动滑块，两个小滑块分别对应"88"、"169"，调整后效果如图 3.74 所示。

图 3.74 将滑动块分成两个独立的小滑块

步骤 4： 为了使云彩放入树的天空中，还需要调整"下一图层"滑动块，也分成两个滑动块，分别对应"0"、"98"，此时效果如图 3.75 所示。

2．投影

用来给图层添加投影效果，可在【图层样式】对话框中左侧的【样式】选项组中选中【投影】复选框后进行设置，此时右侧的选项组如图 3.76 所示。

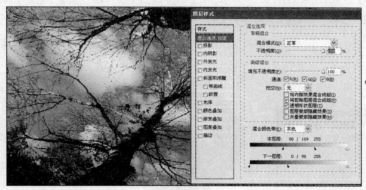

图 3.75 将云彩放入树的天空中

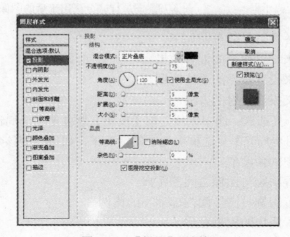

图 3.76 【投影】对话框

添加投影效果后，层的下方会出现一个轮廓和层的内容相同的"影子"，这个"影子"有一定的偏移量，默认情况下会向左下角偏移。阴影的默认混合模式是"正片叠底"，不透明度为"75%"。设置投影效果后效果如图 3.77 所示。

图 3.77　设置【投影】效果

这里选择【图层】→【图层样式】→【创建图层】选项，将弹出如图 3.78 所示的对话框，单击【确定】后，可以将【阴影】的【图层样式】分离出来，这样就可以对阴影部分做进一步的调整，这里对分离出来的阴影样式做大小和斜切调整，【图层】面板和图像效果如图 3.79 所示。其他样式也可采用同样的操作方法。

图 3.78　【创建图层】提示框　　图 3.79　图层样式分离出来后的图像效果和【图层】面板

【投影】对话框中各参数具体说明如下。

◆ 混合模式：用来设置投影的混合效果。
◆ 不透明度：用来设置投影的不透明度。
◆ 角度：用来定义投影投射的方向。
◆ 【使用全局光】复选框：选中该项，则【投影】效果使用全局设置；反之可以自定义角度，在【使用全局光】复选框被选中的情况下，如果改变该角度值，将改变图像中所有图层样式中的角度值。
◆ 距离：用来设置阴影与图像之间的距离。
◆ 扩展：用来设置阴影与图像间内部缩小的比例。
◆ 大小：用来设置阴影的模糊程度。
◆ 等高线：用来设置阴影的轮廓形状，可单击等高线缩略图后的下三角形按钮可以打开等高线列表用来选择等高线，也可以对等高线进行编辑。

◆ 【消除锯齿】复选框：用来调整阴影的渐变效果，消除锯齿并渐变柔和化。

◆ 杂色：用来调整阴影的像素分布，使得阴影斑点化。

◆ 【图层挖空投影】复选框：当填充是透明时，模糊化阴影。

3．内阴影

用来在图像内侧形成阴影效果，可在【图层样式】对话框中左侧的【样式】选项组中选中【内阴影】复选框后进行设置，【内阴影】选项的设置与【投影】选项的设置类似，仅仅是产生的阴影的效果方向不同而已。如图 3.80 所示是添加【内阴影】样式后的效果。

内阴影的很多选项和投影是一样的，前面的投影效果可以理解为一个光源照射平面对象的效果，而"内阴影"则可以理解为光源照射球体的效果。

4．外发光

用来在图像外侧形成发光效果，可在【图层样式】对话框中左侧的【样式】选项组中选中【外发光】复选框后进行设置，添加了【外发光】效果的层好像下面多出了一个层，这个假想层的填充范围比上面的略大，默认混合模式为"滤色"，默认透明度为 75%，从而产生层的外侧边缘"发光"的效果。

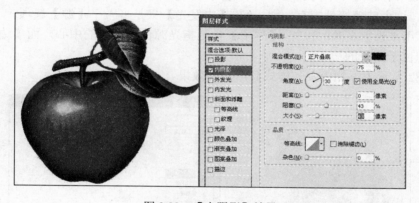

图 3.80　【内阴影】效果

由于默认混合模式是"滤色"，因此如果背景层被设置为白色，那么不论如何调整外侧发光的设置，效果都无法显示出来。要想在白色背景上看到外侧发光效果，必须将混合模式设置为"滤色"以外的其他值。如图 3.81 所示为添加【外发光】样式后的效果。

图 3.81　【外发光】效果

【外发光】对话框中各主要参数具体说明如下（与前面类似用法的参数将不再介绍）。

◆ 混合模式：用来设置外发光的混合效果。

◆ 不透明度：用来设置外发光的不透明度。

◆ 杂色：在外侧的发光效果中添加杂色。

◆ 方法：在该下拉列表中可以设置【外发光】的方法，选择【柔和】选项，所发出的光线边缘柔和，选择【精确】选项，光线按图像边缘轮廓出现外发光效果。

◆ 扩展：用来设置光芒向外扩展的程度。

◆ 大小：用来设置光芒面积的大小。

◆ 范围：该参数决定发光的轮廓范围。

◆ 抖动：该参数用于在发光中随机安排渐变效果，由于渐变的随机性，相当于产生大量杂色。

5. 内发光

用来在图像边缘内侧添加内部发光的效果，可在【图层样式】对话框中左侧的【样式】选项组中选中【内发光】复选框来设置，【内发光】选项的设置与【外发光】选项的设置类似，将内侧发光效果想象为一个内侧边缘安装有照明设备的隧道的截面，也可以理解为一个玻璃棒的横断面，这个玻璃棒外围有一圈光源。【内发光】只是多一个【源】选项。

◆ 源：用来设置光源的位置，【居中】项是指光源位于图层的中心，而【边缘】项是指光源位于图层的边缘。

如图 3.82 所示为添加内发光样式后产生的效果。

图 3.82　【内发光】效果

6. 斜面和浮雕

用来给图像添加各种斜面和浮雕的效果，可在【图层样式】对话框中左侧的【样式】选项组中选中【斜面和浮雕】复选框来进行设置，【斜面和浮雕】可以说是 Photoshop 图层样式中最复杂的，其中包括内斜面、外斜面、浮雕、枕状浮雕和描边浮雕，虽然每一项中包含的设置选项都是一样的，但是制作出来的效果却大相径庭。

【斜面和浮雕】选项中各个参数的用法如下（与前面类似用法的参数将不再介绍）。

◆ 样式：用来选择斜面与浮雕的具体形态，在该下拉列表框中共有 5 个选项：【内斜面】、【外斜面】、【浮雕效果】、【枕状浮雕】和【描边浮雕】。

（1）【内斜角】：添加了内斜角的层会好像同时多出一个高光层（在其上方）和一个投影层（在其下方），显然这就比前面介绍的那几种只增加一个虚拟层的样式要复杂。投影层的混合模式为"正片叠底"，高光层的混合模式为"滤色"，两者的透明度都是 75%。虽然这些默认设置和前面介绍的几种层样式都一样，但是两个层配合起来，效果就多了很多变化。

为了看清楚这两个"虚拟"的层究竟是怎么回事，我们先将图片的背景设置为黑色，然后为白色的圆所在的层添加"内斜面"样式，再将该层的填充不透明度设置为 0。这样就将层上方"虚拟"的高光层分离出来了，如图 3.83 所示。

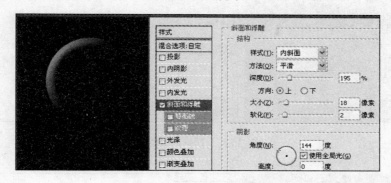

图 3.83　高光层分离出来

类似地，再将图片的背景色设置为白色，然后为黑色的圆所在的层添加"内斜面"样式，再将该层的填充不透明度设置为"0"。这样就将层下方"虚拟"的投影层分离出来。如图 3.84 所示。

图 3.84　投影层分离出来

这两个"虚拟"的层配合起来构成"内斜面"效果，类似于来自左上方的光源照射一个截面形为梯形的高台形成的效果。

（2）【外斜面】：被赋予了外斜面样式的层也会多出两个"虚拟"的层，一个在上，一个在下，分别是高光层和阴影层，混合模式分别是正片叠底和滤色，这些和内斜面都是完全一样的，下面将不再赘述。

（3）【浮雕效果】：前面介绍的斜面效果添加的"虚拟"层都是一上一下的，而浮雕效果添加的两个"虚拟"层则都在层的上方，因此不需要调整背景颜色和层的填充不透明度就可以同时看到高光层和阴影层。这两个"虚拟"层的混合模式以及透明度仍然和斜面效果的一样。如图 3.85 所示是与背景颜色相同的圆添加了浮雕效果。

（4）【枕状浮雕】：添加了枕形浮雕样式的层会一下子多出四个"虚拟"层，两个在上，两个在下。上下各含有一个高光层和一个阴影层。因此，【枕状浮雕】是内斜面和外斜面的混合体，图层首先被赋予一个内斜面样式，形成一个凸起的高台效果，然后又被赋予一个外斜面样式，整个高台又陷入一个"坑"当中，将上例中的样式设为【枕状浮雕】后效果如图 3.86 所示。

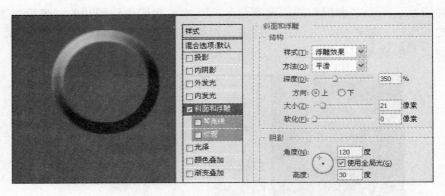

图 3.85　【浮雕效果】

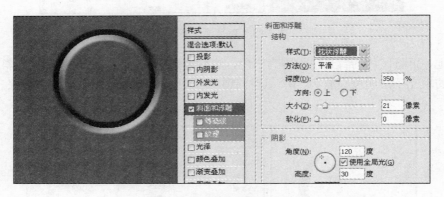

图 3.86　【枕状浮雕】效果

◆ 方法：用来设置斜面和浮雕的雕刻粗度，在该下拉列表框中有 3 个选项：【平滑】、【雕刻清晰】和【雕刻柔和】。其中"平滑"是默认值，选中这个值对斜角的边缘是模糊效果，"雕刻清晰"值对斜角的边缘是锐化效果，而"雕刻柔和"是一个折中的值，如图 3.87 所示分别是设置这三种方法的效果。

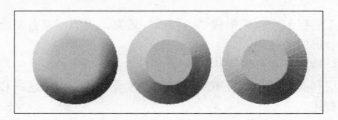

图 3.87　三种不同方法的效果

◆ 深度：用来设置效果的深浅程度。

"深度"必须和"大小"配合使用，"大小"一定的情况下，用"深度"可以调整高台的截面梯形斜边的光滑程度。这里在大小保持不变的情况下，将"深度"值设置为"100%"和"1000%"时的效果如图 3.88 所示。

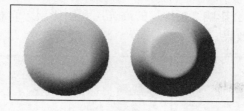

图 3.88 不同深度值的效果

◆ 方向：用来设置深度的方向；方向的设置值只有"上"和"下"两种，其效果和设置"角度"是一样的。在制作按钮的时候，"上"和"下"可以分别对应按钮的正常状态和按下状态，较使用角度进行设置更加方便和准确。

◆ 大小：用来控制阴影的方向，如果选择"上"，则亮部在上，阴影在下；如果选择"下"，则亮部在下，阴影在上。大小用来设置高台的高度，必须和"深度"配合使用。

◆ 软化：用来设置阴影边缘的柔化程度。数值越大，边缘过渡越柔和。

◆ 角度：用来设置立体光源的角度。

◆ 高度：用来设置立体光源的高度。

◆ 光泽等高线：可用来设置明暗对比的分布方式，使用方法与前面提到等高线一样。

◆ 高光模式、阴影模式：在两个下拉列表中，可以为高光与暗调部分选择不同的混合模式，从而得到不同的效果，如果单击右侧颜色块，还可以在弹出的【拾色器】对话框中为高光与暗调部分选择不同的颜色。

前面提到【斜角和浮雕】效果可以分解为两个"虚拟"的层，分别是高光层和阴影层。这里调整高光层效果如图 3.89 所示。

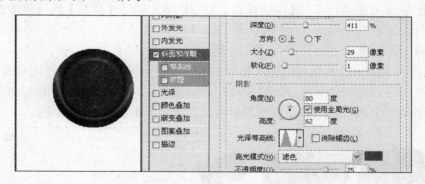

图 3.89 设置高光模式后效果

将对象的高光层设置为红色实际等于将光源颜色设置为红色，注意混合模式一般应当使用"滤色"，因为这样才能反映出光源颜色和对象本身颜色的混合效果。

阴影模式的设置原理和高光模式是一样的，但是由于阴影层的默认混合模式是正片叠底，有时候修改了颜色后看不出效果，因此我们将层的填充不透明度设置为"0"，可以得到如图 3.90 所示的效果。

◆ 等高线：用于设置立体对比的分布方式，单击右侧的下拉按钮，从打开的下拉列表框中可以选择相应的等高线样式。

【斜角和浮雕】样式中的等高线容易让人混淆，除了在对话框右侧有【等高线】设置，在对话框左侧也有【等高线】设置。仔细比较一下就可以发现，对话框右侧的【等高线】是【光泽等高线】，这个等高线只会影响"虚拟"的高光层和阴影层。而对话框左侧的等高线则是用来为图层本身赋予条纹状效果。

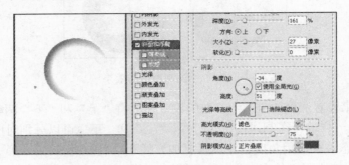

图 3.90　设置阴影模式后效果

◆ 纹理：用来为层添加材质，其设置比较简单。首先在下拉框中选择纹理，然后按纹理的应用方式进行设置，常用的选项包括：

    ◇ 图案：用来设置填充所用的图案；

    ◇ 贴紧原点：用来设置使图案的位置返回到原来的地方；

    ◇ 缩放：用来设置图案的放大或缩小，以适合要求；

    ◇ 深度：用来设置立体的对比效果强度；

    ◇ 反相：用来设置是否将图案反相，从而得到相反的图案效果；

    ◇ 与图层链接：用来设置是否将所做的图案和图层链接在一起。

7．光泽

用来给图层添加光泽，可在【图层样式】对话框中左侧的【样式】选项组中选中【光泽】复选框来进行设置。光泽用来在层的上方添加一个光泽效果，选项虽然不多，但很难准确把握，微小的设置差别都会使效果产生很大的变化。

另外，【光泽】效果还和图层的轮廓相关，即使参数设置完全一样，不同内容的层添加光泽样式之后产生的效果完全不同。如图 3.91 所示即是【光泽】参数设置相同，但是不同图层中的内容分别是一个圆、矩形和不规则图形时添加【光泽】样式后的效果。

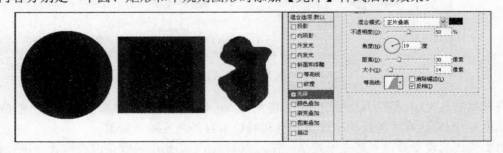

图 3.91　不同形状的对象设置【光泽】样式后效果

通过不断调整这几种图形的设置值，可以逐渐发现光泽样式的显示规律：有两组外形轮廓和层的内容相同的多层光环彼此交叠构成了光泽效果。

8．颜色叠加

【颜色叠加】是在【图层样式】对话框中左侧的【样式】选项组中选中【颜色叠加】复选框来进行设置，【颜色叠加】是最简单的样式，相当于为层着色，也可以认为这个样式在层的上方加了一个混合模式为"普通"、不透明度为"100%"的"虚拟"层。

这里为图层添加【颜色叠加】样式,并将叠加的"虚拟"层的颜色混合模式设置为"正常",颜色为"绿色",不透明度设置为"50%"。添加【颜色叠加】样式前后的效果如图3.92所示。注意,添加了样式后的颜色是图层原有颜色和"虚拟"层颜色的混合。

图 3.92　添加【颜色叠加】样式前后效果

9．渐变叠加

可用来给图像叠加渐变色,可在【图层样式】对话框中从左侧的【样式】选项组中选中【渐变叠加】复选框来进行设置,【渐变叠加】和【颜色叠加】的原理是完全一样的,只不过"虚拟"层的颜色是渐变的而不是单色的。【渐变叠加】对话框中各参数具体说明如下。

◆ 渐变:用来设置需要叠加的渐变色。

◆ 样式:用来设置渐变颜色叠加的方式,可选项有【线性】、【径向】、【角度】、【对称】和【菱形】。

◆ 缩放:用来设置渐变颜色之间的融合程度,数值越小,融合程度越低。

◆ 反向:用来设置反方向叠加渐变色。

◆【与图层对齐】复选框:用来设置渐变色由图层中最左侧的像素叠加至最右侧的像素。

如图3.93所示为添加【渐变叠加】样式前后的效果。

图 3.93　添加【渐变叠加】样式前后效果

10．图案叠加

用来给图像叠加图案,可在【图层样式】对话框中左侧的【样式】选项组中选中【图案叠加】复选框来进行设置,【图案叠加】样式的设置方法和前面在【斜面与浮雕】中介绍的【纹理】完全一样,这里不再赘述。

需要注意的是,这三种叠加样式是有主次关系的,主次关系从高到低分别是颜色叠加、渐变叠加和图案叠加。这就是说,如果同时添加了这三种样式,并且将它们的不透明度都设置为100%,那么你只能看到【颜色叠加】产生的效果。要想使层次较低的叠加效果能够显示出来，必须清除上层的叠加效果或者将上层叠加效果的不透明度设置为小于100%的值。

11．描边

可在【图层样式】对话框中左侧的【样式】选项组中选中【描边】复选框来进行设置，用来给图像添加描边效果，描边样式直观简单，就是用指定颜色沿着层中非透明部分的边缘描边。

【描边】对话框中各参数具体说明如下。

◆ 大小：可用来设置【描边】的宽度，数值越大，则生成的描边宽度越大。

◆ 位置：可用来设置描边的位置，可选项有【外部】、【内部】和【居中】3种位置。

◆ 填充类型：可用来设置描边的类型，可选项有【颜色】、【渐变】和【图案】3种，可分别用单一颜色、渐变颜色、图案来进行描边。

这里需要注意的是，选择菜单【编辑】→【描边】选项进行描边和用【描边】的图层样式进行描边操作的不同。

不同一：同时将两个对像进行描边后，再分别在这两个对像上删除像素，所得的效果是不同的，比较效果如图3.94所示。可以看出用菜单中的【描边】选项进行描边操作的圆在删除像素的边缘没有描边效果，而使用【描边】的图层样式进行描边操作的圆在删除像素的边缘还保留描边的效果。

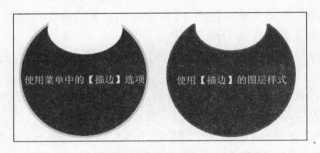

图3.94 两种描边操作删除像素后的不同效果

不同二：将上例的两个圆形所在图层的填充值同样设置为"20%"后效果如图3.95所示，可以看出，用菜单中的【描边】选项进行描边的圆和描边的颜色都发生了变化，用【描边】的图层样式进行描边操作只有圆本身的像素发生变化，而圆描边的颜色保持不变。

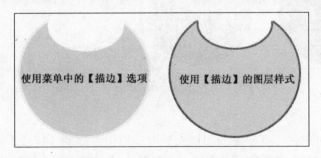

图3.95 两种描边操作设置相同填充值的不同效果

3.3.2 图层样式操作

除了对图层样式进行直接编辑外，还可以对图层样式进行一些其他的操作，比如复制图层样式、删除图层样式、缩放图层样式效果、将图层样式转换成图层等。

1. 复制图层样式

用户可以将某一图层中的图层样式复制到另一个图层中，这样既省去重设效果的麻烦，又加快了操作速度，具体方法如下。

步骤 1： 新建图像文件，输入文字"复制"，适当添加图层样式效果，单击右键，在弹出的快捷菜单中单击【拷贝图层样式】命令，或者选择【图层】→【图层样式】→【拷贝图层样式】命令。

步骤 2： 选择要粘贴图层样式的图层，单击右键，在弹出的快捷菜单中单击【粘贴图层样式】命令，或者选择【图层】→【图层样式】→【粘贴图层样式】命令即可。

2. 缩放图层样式

复制图层样式可以在不同的图像文件之间进行，如果两个图像文件的分辨率大小不同，得到的图层样式可能不一致。【缩放效果】可以设置图层样式的放大或缩小的倍数，缩放范围在 1%～1000%之间，但不会缩放图像的大小。

选择【图层】→【图层样式】→【缩放效果】命令，可打开如图 3.96 所示对话框。

设置缩放参数后，单击【确定】按钮即可。图 3.97 所示为原图层样式效果图和设置缩放参数为 50%后的图层样式效果图。

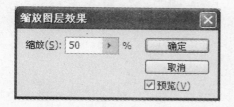

图 3.96　【缩放图层效果】对话框　　　　　　　　图 3.97　缩放效果

3. 删除图层样式

当不需要某图层样式时，可以将它删除，具体方法是，选择需要删除图层样式的图层，单击右键，在弹出的快捷菜单中单击【清除图层样式】命令，或者选择【图层】→【图层样式】→【清除图层样式】命令。

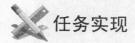 **任务实现**

步骤 1： 在 Photoshop CS4 中打开配套素材文件 03/案例/人物 1.jpg、人物 2.jpg 和人物 3.jpg 三张素材图像，如图 3.98 所示。

步骤 2： 以图片"人物 1.jpg"为当前操作图像，在【图层】面板上双击背景层，将背景层转换成普通图层"图层 0"。

步骤 3： 单击【图层】面板上的【新建图层】按钮，新建一空白图层，将新建图层填充为白色，并将白色图层移至最底层，再将"图层 0"的不透明度设置为"80%"，选择【编辑】→【变换】→【水平翻转】将"图层 0"中的人物水平翻转，效果如图 3.99 所示，此时【图层】面板如图 3.100 所示。

步骤 4： 切换到图片文件"人物 2.jpg"，在人物所在图层构造一矩形选区，选区大小、位置如图 3.101 所示，将所选区域复制到"人物 1.jpg"图像文件中，生成"图层 2"，用【Ctrl+T】

组合键调整图像高和宽为原来的 50%，此时图像如图 3.102 所示。

图 3.98　三张素材图像

图 3.99　设置后的图像效果

图 3.100　【图层】面板

图 3.101　矩形选区

图 3.102　图像大小调整后效果

　　步骤 5：为"图层 2"添加【投影】、【内发光】和【描边】的图层样式，【投影】的图层样式采用的参数为默认值，【内发光】图层样式的大小设为"38 像素"，如图 3.103 所示，【描边】图层样式的大小设为"1 像素"，描边颜色为"白色"，如图 3.104 所示，设置完成后图像效果如图 3.105 所示。

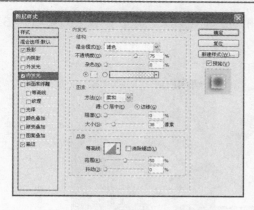

图 3.103　内发光图层样式设置

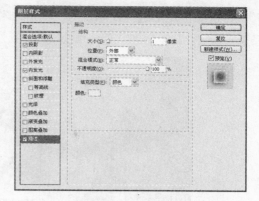

图 3.104　描边图层样式设置

步骤 6：切换到"人物 3.jpg"图像文件，在人物图像上构造一矩形选区，选区大小与位置如图 3.106 所示，将所选区域复制到"人物 1.jpg"图像文件中，生成 "图层 3"，按住组合键【Ctrl+T】对"图层 3"中的图像进行自由变化，设置其高和宽为原来的"50%"，旋转角度为"30 度"，此时图像如图 3.107 所示。

图 3.105　图层 2 设置图层样式后

图 3.106　矩形选区

图 3.107　图层 3 自由变化后

步骤 7：选择"图层 2"，单击右键，在弹出的菜单中选择【拷贝图层样式】，在"图层 3"上单击右键选择【粘贴图层样式】，将"图层 2"的样式复制到"图层 3"上，得到效果如图 3.108 所示。

步骤 8：新建"图层 4"，在新建的图层上画出矩形选区，选择【编辑】→【描边】菜单命令，弹出【描边】对话框，将描边大小设为"3 像素"，描边颜色设为"白色"，建新"图层 5"，再次画出矩形选区，添加与"图层 4"相同的描边效果，设置完成后效果如图 3.109 所示。

图 3.108　图层 3 设置图层样式

图 3.109　为人物 3 作描边图层样式

步骤 9： 将"图层 4"和"图层 5"移至"图层 0"的上方，再给"图层 4"和"图层 5"添加默认的投影样式效果，此时图像效果如图 3.110 所示，【图层】面板如图 3.111 所示。

图 3.110　矩形选区设置后

图 3.111　【图层】面板

步骤 10： 在图像在右下角添加文字"闪烁婚纱摄影工作室"，为文字添加【投影】和【外发光】的图层样式，参数设置如图 3.112 和图 3.113 所示。其中【投影】图层样式中设置距离为"4 像素"、大小为"0 像素"；【外发光】图层样式中设置大小为"40 像素"。

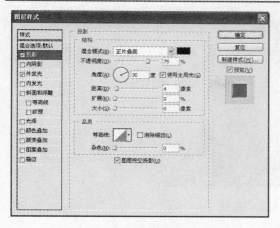

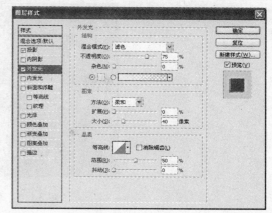

图 3.112　投影图层样式设置　　　　　　　图 3.113　外发光图层样式设置

步骤 11：复制文字图层，按【Ctrl+T】组合键后，单击右键选择【垂直翻转】，再次单击右键选择【斜切】，【斜切】选项栏参数设置如图 3.114 所示，确认后即可得到如图 3.59 所示图像效果。

图 3.114　【斜切】选项栏参数设置

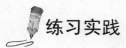 练习实践

运用 03/练习实践中的素材图片女孩 1.jpg、女孩 2.jpg、女孩 3.jpg 和红色背景.jpg 进行合成，素材图像如图 3.115 所示，本案例是将 1.jpg 椭圆形选区和羽化后融入背景中，再选取 2.jpg 和 3.jpg 头部的圆形区域并移入背景图像后，进行图层样式设置，合成后的效果如图 3.116 所示。

图 3.115　素材图像

图 3.116　个人写真效果图

任务 4　城堡合成

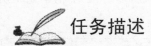

任务描述

　　本案例中运用【橡皮擦工具】将山和瀑布融合在一起，多次使用【曲线】调整图像的明暗度，使用【光照效果】滤镜对城堡进行凸现、使用文字工具来突出主题，图像合成后效果如图 3.117 所示。

图 3.117　效果图

相关知识

3.4.1　调整图层

　　【图层】菜单下的【新建调整图层】的命令与【图像】菜单下的【调整】命令类似，不同之处在于【新建调整图层】能让用户试用颜色和色调进行调整，而不会永久地改变图像的像素。调整图层能影响在它之下的所有图层或者当前操作图层。单击菜单【图层】→【新建调整图层】下的任一命令，会弹出如图 3.118 所示的【新建图层】对话框，该对话框中的"使用前一图层创建剪粘蒙版（P）"勾选表示只作用于当前操作图层，不勾选表示作用于当前图层之下的所有图层，此时的操作与单击【图层】面板上的【创建新的填充或调整图层】 ⚫ 按钮效果一样。

图 3.118 【新建图层】对话框

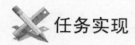 任务实现

步骤 1： 打开配套素材文件 03/案例/瀑布.jpg，将图层"背景"转换成普通图层"图层 0"。

步骤 2： 按【Ctrl+T】组合键，将"图层 0"中的内容适当压低，如图 3.119 所示。

步骤 3： 选择【橡皮擦工具】，在其工具选项栏中设置画笔硬度为"0%"，擦去上部天空，效果如图 3.120 所示。

步骤 4： 打开配套素材文件 03/案例/山.jpg，将"背景"图层复制到图像文件"瀑布.jpg"中，如图 3.121 所示，按组合键【Ctrl+T】调整"山"的位置和高度，并用【橡皮擦工具】擦出底下多余的部分，使其和瀑布融合衔接，效果如图 3.122 所示。

图 3.119 压低后的瀑布

图 3.120 擦除瀑布上方的天空

图 3.121 山

图 3.122 山和瀑布融合

步骤 5：打开配套素材文件 03/案例/城堡.jpg，用【多边形套索工具】将城堡抠出，删除城堡以外部分。将抠出的城堡复制到"瀑布.jpg"图片文件中，并放至适当位置，效果如图 3.123 所示。

步骤 6：选中瀑布所在图层，切换到【通道】面板，选择"红色"通道，选择【图像】→【调整】→【曲线】，调整曲线，使其变亮，此时曲线对话框如图 3.124 所示，进而使瀑布整体颜色趋于红色、与整体相融合。

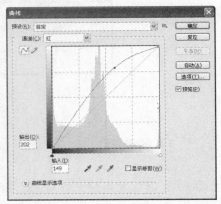

图 3.123　移入城堡后的效果　　　　　　　　　图 3.124　【曲线】对话框

步骤 7：选择 RGB 通道，返回【图层】面板，按【Ctrl+Shift+Alt+E】组合键盖印可见图层。选择【图层】→【新建调整图层】→【曲线】，弹出【新建图层】对话框，将对话框中的"使用前一图层创建剪粘蒙版（P）"勾选，对话框如图 3.125 所示。

图 3.125　【新建图层】对话框

步骤 8：单击【确定】按钮，弹出【曲线】调整面板，调整曲线的输出值为"131"，输入值为"185"，使图像整体变暗，此时【曲线】对话框如图 3.126 所示，图像效果如图 3.127 所示。

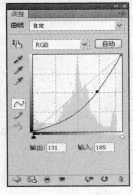

图 3.126　曲线调整面板　　　　　　　　　　图 3.127　曲线调整后图像效果

步骤 9：选择盖印后生成的图层，按住【Ctrl】键单击城堡所在图层，得到城堡所对应的选区，选择【选择】→【修改】→【羽化】选项。设置羽化半径为"20"像素，如图 3.128 所示。

图 3.128　【羽化】对话框

步骤 10：在【羽化选区】对话框上单击【确定】按钮，选择菜单【选择】→【反向】命令，选择菜单【调整】→【曲线】命令，弹出【曲线】如图 3.129 所示的对话框，将图像略微调暗以突出城堡，效果如图 3.130 所示。

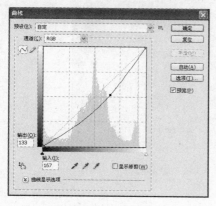

图 3.129　【曲线】对话框

图 3.130　城堡突出图像效果

步骤 11：对盖印图层执行【滤镜】→【渲染】→【光照】命令，弹出的【光照效果】对话框如图 3.131 所示，按图设置参数，图像效果如图 3.132 所示。

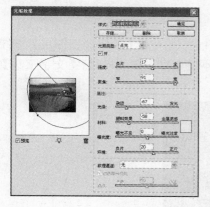

图 3.131　【光照效果】对话框

图 3.132　图像加入光照效果

步骤 12：输入文字，大号标题英文的字体颜色是"#c3a161"，第一个字母"T"的字体是"Monotype Corsiva"，字号为"80 点"，其余字母的字体是"Impact"，字号是"36 点"，小号英文字体"Monotype Corsiva"，字号为"18 点"，字体颜色是"#a79255"，最终将得到如图 3.117 所示效果。

 练习实践

用 03/练习实践/婚纱女孩.jpg 图像文件（如图 3.133 所示）作为背景制作时尚杂志封面，

在杂志封面上使用的不同文字,并适当加入不同的图层样式加以修饰,合成后的效果如图 3.134 所示。

图 3.133 素材图像

图 3.134 杂志封面效果图

任务5 电影海报

 任务描述

本案例是运用素材图像合成制作电影海报,设计过程中使用了【新建调整图层】来统一素材图像的色调,运用图层蒙版抠图,还用到了图层的不透明度、图层样式、【文字工具】等进行制作,所制作的电影海报效果如图 3.135 所示。

图 3.135 海报效果图

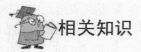相关知识

图层蒙版是以图层为基础的，可以说它是 Photoshop 中集图层和蒙版功能为一体的强大工具。图层蒙版是 Photoshop 图层的精华，使用图层蒙版可以创建出多种梦幻般的图像。通过更改图层蒙版，可以将大量特殊效果应用到图层，而实际上不会影响该图层上的像素。

图层蒙版可以使图层中图像的某些部分被处理成透明和半透明的效果，而且可以恢复已经处理过的图像，是 Photoshop 的一种独特的处理图像方式。Photoshop 强大的功能，很大一部分体现在蒙版技术的精髓。当要给图像的某些区域运用颜色变化，滤镜和其他效果时，蒙版能隔离和保护图像的其余区域。

3.5.1　新建图层蒙版

选择将要添加图层蒙版的图层，单击【图层】面板中的【添加图层蒙版】⬤按钮，或者选择菜单【图层】→【图层蒙版】→【显示全部】命令，即可创建一个图层蒙版，此时图层旁边就会出现一个白色标示的蒙版，此时【图层】面板及其对应的图像效果如图 3.136 所示。

图 3.136　显示图像全部

按住键盘上的【Alt】键，单击【图层】面板中的【添加图层蒙版】⬤按钮，或者选择菜单【图层】→【图层蒙版】→【隐藏全部】命令，可以创建一个遮盖图层全部的蒙版，【图层】面板及其对应的图像效果如图 3.137 所示。

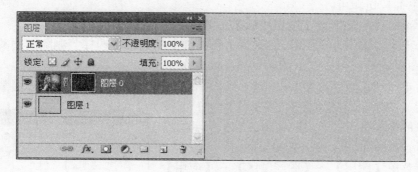

图 3.137　隐藏全部

3.5.2　编辑图层蒙版

图层蒙版可以看做是灰度图像，蒙版中白色区域对应的图像是完全可见的，黑色区域对

应的图像是完全不可见的，灰色区域对应的图像是半透明的。所以如果要隐藏图层中某区域，可将蒙版中相应位置设置为黑色；如果要显示图层中某区域，可将蒙版中相应位置设置为白色；如果要使图层中某区域可见，可将蒙版中相应位置设置为灰色。如图 3.138 所示为"图层蒙版缩览图"的状态及其对应的图像效果。

图 3.138　编辑蒙版

图 3.139　处于蒙版编辑状态

图层蒙版中的白色、灰色、黑色区域是可以任意改变的，编辑的方法跟编辑灰度图像基本相同。需要注意的是，在选择蒙版时一定要注意确认操作对象是蒙版而不是图像本身。当选中蒙版时，图像编辑窗口的标题栏中会出现"图层蒙版"的字样，表示当前编辑的对象是蒙版；也可以直接在【图层】面板中观察，当选中蒙版时，"图层蒙版缩览图"周围会出现一个白色方框和一个黑色方框，如图 3.139 所示。

3.5.3　应用及删除图层蒙版

删除图层蒙版是指去除蒙版，不考虑其对图层的作用，而应用图层蒙版是指按图层蒙版所定义的灰度，定义图层中像素分布的情况，保留蒙版中白色区域对应的像素，删除蒙版中黑色区域所对应的像素。

要删除图层蒙版，可按以下任一方法进行操作。

◆ 选择要删除的"图层蒙版缩览图"，然后将它拖到 🗑 按钮上，在弹出的对话框中单击【删除】按钮即可。

◆ 选择菜单【图层】→【图层蒙版】→【删除】命令即可。

◆ 激活【图层蒙版缩览图】，右键单击，在弹出的菜单中选择"删除图层蒙版"即可。

要应用图层蒙版，可按以下任一方法进行操作。

◆ 激活【图层蒙版缩览图】，右键单击，在弹出的菜单中选择"应用图层蒙版"即可。

◆ 激活【图层蒙版缩览图】，单击【图层】面板下方的 按钮，在弹出的如图 3.140 所示的提示对话框中单击【应用】按钮即可。

◆ 选择菜单【图层】→【图层蒙版】→【应用】命令即可，如图 3.141 所示是应用蒙版前后【图层】面板的状态。

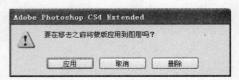

图 3.140　【应用蒙版】提示对话框

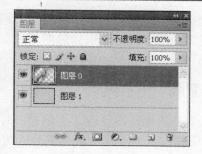

图 3.141 【应用蒙版】前后图层的状态

3.5.4 启用和停用图层蒙版

要停用图层蒙版，只需选中图层蒙版，选择【图层】→【图层蒙版】→【停用】命令即可；当图层蒙版的图标出现一个大红叉时，如图 3.142 所示，表示图层蒙版处于停用状态，此时图层中的图像会恢复原状。

要启用图层蒙版，可选中"图层蒙版缩览图"，选择【图层】→【图层蒙版】→【启用】命令，即可启用图层蒙版。

下面通过一个小例子来进一步理解图层蒙版的用法。

步骤 1：任意打开一张素材图像，如图 3.143 所示，选择背景层双击，将背景层转变为普通图层，然后再新建一图层，将该图层移至最底层，并填充任意颜色。此时【图层】面板如图 3.144 所示。

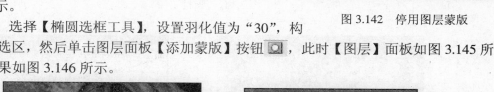

图 3.142 停用图层蒙版

步骤 2：选择【椭圆选框工具】，设置羽化值为"30"，构造一椭圆形选区，然后单击图层面板【添加蒙版】按钮 ，此时【图层】面板如图 3.145 所示，图像效果如图 3.146 所示。

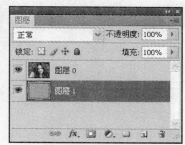

图 3.143 素材图像   图 3.144 【图层】面板

图 3.145 【图层】面板   图 3.146 效果图

145

这样的操作从效果图上看，跟用羽化后删除像素的方法非常类似，可是查看【图层】面板就可以发现，运用了图层蒙版后的图像最大的好处就是并没有真正的删除图像的像素，为后期修改起到一种很好的保护作用。

3.5.5 图层蒙版应用实例

图层蒙版有点类某些区域涂了墨的玻璃片，将它添加到图层上时，就会将图层上的部分区域遮盖起来。蒙版上的图像只能是黑色、灰色、白色三种，黑色代表遮盖，白色代表显示，不同的灰度代表蒙版不同的透明度。因此，利用图层蒙版功能可以实现复杂的图像效果。

步骤 1： 打开 03/案例/1.jpg 和 2.jpg 素材图像，如图 3.147 所示。

步骤 2： 在 2.jpg 图像头部做矩形选区，用【移动工具】将所选区域移到 1.jpg 中，调整大小和角度，并放至合适位置，如图 3.148 所示，此时【图层】面板如图 3.149 所示。

图 3.147　素材图像

图 3.148　将人物头像移到背景图像中　　　　　图 3.149　图层面板

步骤 3： 在人物头像所在图层添加图层蒙版，并在图层蒙版上将需要遮盖部分用【画笔工具】涂沫成黑色，需要显示部分用【画笔工具】涂沫成白色，进行反复操作后，并调整图像大小和角度，图像效果如图 3.150 所示，此时【图层】面板如图 3.151 所示。

步骤 4： 对两张素材的色调进行调整，以达到统一、真实的效果，选择【图层】→【新建调整图层】→【色相/饱和度】选项，在弹出的【新建图层】对话框中将【使用前一图层创建剪粘蒙版（P）】勾选，单击【确定】按钮后，对人物面部的饱和度进行调整，将饱和度的参数值设为-30，此时【图层】面板如图 3.152 所示，最终图像效果如图 3.153 所示。

图 3.150 添加图层蒙版后效果

图 3.151 【图层】面板

图 3.152 【图层】面板

图 3.153 效果图

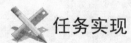 任务实现

步骤 1： 在 Photoshop CS4 中打开配套素材文件 03/案例/背景.jpg、人物 W.jpg 和人物 M.jpg 三张素材图像，如图 3.154 所示。

图 3.154 素材图像

步骤 2： 在【背景】层上双击，将弹出【新建图层】对话框，单击【确定】按钮，此时【背景层】转换成普通图层"图层 0"，选择菜单【图层】→【新建调整图层】→【色彩平衡】命令，弹出【新建图层】对话框，并将"使用前一图层创建剪粘蒙版（P）"勾选，如图 3.155 所示。

图 3.155　【新建图层】对话框

步骤 3：单击【确定】按钮，弹出【调整】面板下的【色彩平衡】选项，在该面板上调整图像阴影和高光的色调，以使背景的整体色调符合设计主题，阴影的色调调整和图像效果如图 3.156 所示，高光的色调调整和图像效果如图 3.157 所示。

步骤 4：将"人物 W"图像复制到"背景.jpg"图像中，按【Ctrl+T】组合键，调整大小为原来的"50%"，与调整背景图层的方法一样，使用【图层】→【新建调整图层】→【色彩平衡】选项，并将"使用前一图层创建剪粘蒙版（P）"勾选，对图像进行色调调整，以使其与背景图像的色调形成统一的效果，阴影和高光的调整如图 3.158 所示。

图 3.156　阴影参数设置和图像效果

图 3.157　高光参数设置和图像效果

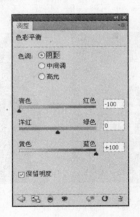

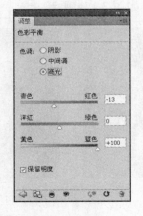

图 3.158　"人物 W"阴影和高光的调整

步骤 5：在"人物 W"图像上构造矩形选区，确保人脸部位处于选取中心位置，并将该选区的羽化值设为"40 像素"，单击【图层】面板上的【添加矢量蒙版】 按钮，为"人物 W"添加图层蒙版，用【画笔工具】在图层蒙版的羽化边缘上做反复处理，至到满意为止，最后将该图层的不透明度设为"60%"，图像效果和【图层】面板如图 3.159 所示。

图 3.159 图像效果和【图层】面板

步骤 6：将"人物 M"图像复制到"背景.jpg"图像中，按【Ctrl+T】组合键，将大小调整为原为的"44%"左右，与调整"人物 W"的方法一样，对"人物 M"色调进行调整，以与背景色调统一，阴影和高光的调整如图 3.160 所示。

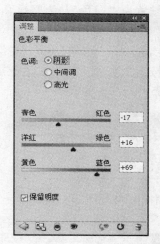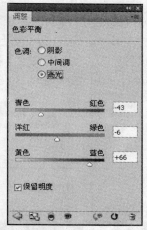

图 3.160 "人物 M"阴影和高光的调整

步骤 7：为"人物 M"添加蒙版，用【魔棒工具】将"人物 M"背景区域选中，容差采用默认值，此时图像效果和图层面板如图 3.161 所示，

图 3.161 图像效果和【图层】面板

步骤 8：将前景色设为黑色，在图层蒙版上将选区用【Alt+Delete】组合键填充前景色的

黑色，此时图像效果和【图层】面板如图 3.162 所示。

图 3.162　图像效果和【图层】面板

步骤 9：选择【文字工具】在图像中部添加竖排文字"午夜的邂逅"，字体为"楷体"，字号为"48 点"，字体颜色为"白色"在图像的右下角添加横排文字"东方影视传播公司监制"，字体为"黑体"，字号为"16 点"，字体颜色为"白色"，为竖排和横排文字设置阴影的【图层样式】，参数采用默认值。

步骤 10：在文字"午夜的邂逅"所在图层，选择【滤镜】→【风格化】→【风】选择，弹出如图 3.163 所示的对话框，单击【确定】按钮，出现【风】对话框，设置参数如图 3.164 所示，单击【确定】按钮，图像效果如图 3.165 所示。

图 3.163　【栅格化】对话框

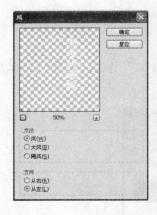

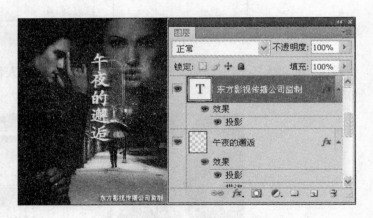

图 3.164　【风】对话框　　　　图 3.165　图像效果和【图层】面板

步骤 11：在图像的左上角添加横排文字"畅想 无语作品"，字体为"黑体"，字号为"16 点"，字体颜色为"白色"，图像上其他文字的字体为"黑体"，字号为"16 点"，字体颜色为"黑色"。

步骤 12：按【Ctrl+Shift+Alt+E】组合键盖印可见图层，并将盖印图层的图层混合模式设为柔光，便可得到如图 3.135 所示的效果，至此电影海报制作完成。

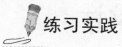练习实践

运用 03/练习实践中的素材图像情侣 1.jpg、玫瑰花.jpg、情侣 2.jpg 进行合成，素材图像如图 3.166 所示，使用【新建调整图层】中的【色相/饱和度】调节花的颜色，多次使用图层蒙版来融合图像，使用文字和【图层样式】进行修饰，合成后的效果如图 3.167 所示。

图 3.166　素材图像

图 3.167　效果图

学习情境四　图像特效设计

**教学目标**

1. 了解滤镜的概念；
2. 熟悉各种滤镜的功能；
3. 掌握各种滤镜的使用及其操作步骤；
4. 能够运用滤镜制作各种图像特效。

在设计图像特效的过程中，经常需要应用到各种滤镜。滤镜是在摄影过程中的一种光学处理镜头，为了使图像产生某种特殊的效果，使用这种光学镜头过滤掉部分光线中的元素，从而改进图像的显示效果。在 Photoshop 中，滤镜是进行图像处理时最为常用的一种手段，其用途十分广泛，通过滤镜可以对图像进行各种特效处理，从而使平淡的图像产生奇妙的效果。

任务 1　光芒字效果

**任务描述**

本例讲解的是光芒字效果的制作，难点在于对光芒效果的处理，主要涉及【风】、【高斯模糊】及【极坐标】等滤镜的配合使用，另外还运用到图层的混合模式，从而使丰富的色彩效果可以更加容易实现。光芒字的最终效果如图 4.1 所示。

图 4.1　光芒字效果

**相关知识**

4.1.1　【风】滤镜

【风】滤镜属于【风格化】滤镜组，该滤镜通过在图像中放置细小的水平线来模拟风吹的效果，用户可以在【风】对话框中设置风的类型和风的方向。

执行【滤镜】→【风格化】→【风】命令，打开【风】滤镜的
对话框，如图 4.2 所示。其中各项参数的含义如下。

◆ 方法：用于设置风吹效果样式，包括"风"、"大风"和"飓风" 3 种。

◆ 方向：用于设置风吹方向。

下面通过一个实例来介绍【风】滤镜的作用及效果。

步骤 1：在 Photoshop CS4 中新建文件，背景填充为黑色。

步骤 2：选择工具栏中的横排文字工具，在图像工作区的中间位
置输入文字"风吹字"。文字的相关属性设置如图 4.3 所示，图像效
果如图 4.4 所示。

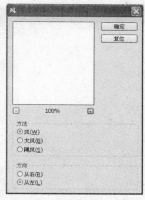

图 4.2 【风】对话框

图 4.3 文字属性设置

图 4.4 文字效果

步骤 3：执行【滤镜】→【风格化】→【风】命令，弹出的对话框提示该图层必须栅格化
后才能使用滤镜，如图 4.5 所示，单击【确定】按钮，弹出【风】对话框。

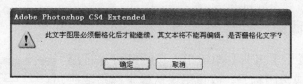

图 4.5 栅格化文字提示

步骤 4：在【风】对话框中按照图 4.6 所示进行设置，单击【确定】按钮，得到一种风吹
的效果，如图 4.7 所示。

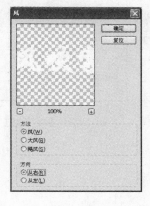

图 4.6 【风】对话框

图 4.7 风吹效果

图 4.8　【高斯模糊】对话框

4.1.2　【高斯模糊】滤镜

　　【高斯模糊】滤镜属于【模糊】滤镜组，该滤镜根据高斯曲线对图像进行选择性模糊，产生强烈的模糊效果，是较为常用的模糊滤镜，其对话框如图 4.8 所示。其中，"半径"用于调节图像的模糊程度，值越大，模糊效果越明显。

　　打开配套素材文件中的 04/相关知识/雪山草地.jpg，如图 4.9 所示，执行【滤镜】→【模糊】→【高斯模糊】命令，打开【高斯模糊】滤镜对话框，设置"半径"为"5"像素，单击【确定】按钮，此时图像的效果如图 4.10 所示。

图 4.9　原图像

图 4.10　高斯模糊效果

4.1.3　【极坐标】滤镜

　　【极坐标】滤镜属于【扭曲】滤镜组，该滤镜可以将图像从平面坐标系转化成极坐标系，或将图像从极坐标系转换到平面坐标系。使用此滤镜创建圆柱变体，当在镜面圆柱中观看圆柱变体中扭曲的图像时，图像是正常的。

　　执行【滤镜】→【扭曲】→【极坐标】命令，打开【极坐标】滤镜对话框，如图 4.11 所示。该对话框中有两个主要参数，"平面坐标到极坐标"是将平面坐标系转换成极坐标系；"极坐标到平面坐标"是将极坐标系转换成平面坐标系。

　　打开配套素材文件中的 04/相关知识/水艺术.jpg，如图 4.12 所示。执行【滤镜】→【扭曲】→【极坐标】命令，选择"平面坐标到极坐标"选项，此时图像效果如图 4.13 所示。

图 4.11　【极坐标】对话框

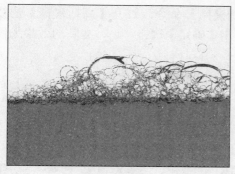

图 4.12 原图像

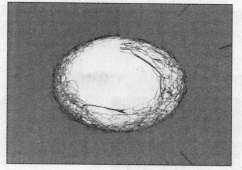

图 4.13 极坐标效果

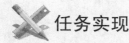 **任务实现**

步骤 1：新建文件，大小为"600 像素×400 像素"，分辨率为"72"像素，GRB 模式，填充为黑色。

步骤 2：在工具栏中选择横排文字工具，在画面中间位置输入文字"万丈光芒"，文字属性设置如图 4.14 所示，文字效果如图 4.15 所示。

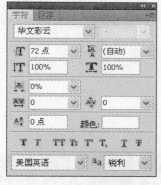

图 4.14 文字属性设置

图 4.15 文字效果

步骤 3：按住【Ctrl】键，选择文字图层的缩略图，得到文字选区，此时文字已经失效，可以将文字图层删除。

步骤 4：执行【编辑】→【描边】命令，打开【描边】对话框，按图 4.16 所示进行设置。取消选择，得到文字效果如图 4.17 所示。

图 4.16 描边

图 4.17 文字描边效果

155

步骤 5：执行【滤镜】→【模糊】→【高斯模糊】命令，打开【高斯模糊】滤镜对话框，设置半径为"1.5"像素，如图 4.18 所示，单击【确定】按钮，此时文字的效果如图 4.19 所示。

图 4.18　【高斯模糊】对话框

图 4.19　高斯模糊效果

步骤 6：执行【滤镜】→【扭曲】→【极坐标】命令，打开【极坐标】滤镜对话框，选择"极坐标到平面坐标"如图 4.20 所示。此时文字效果如图 4.21 所示。可以看到，原来的文字已经围绕在画布的边际，这时的文字处理都是基于文字中心为原点的对称处理。

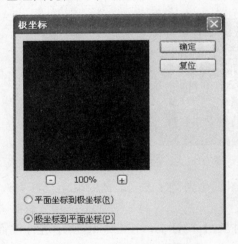

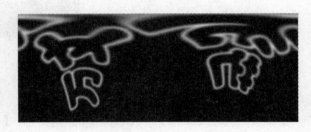

图 4.20　【极坐标】对话框

图 4.21　极坐标效果

步骤 7：执行【图像】→【旋转画布】→【逆时针 90 度】命令，对画布进行旋转，效果如图 4.22 所示。

步骤 8：执行【滤镜】→【风格化】→【风】命令，打开【风】滤镜的对话框，按图 4.23 所示进行设置，单击【确定】按钮，再重复执行 1 次【风】滤镜，此时图像效果如图 4.24 所示。

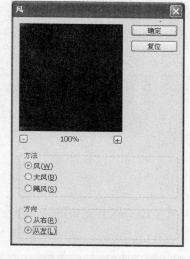

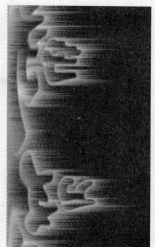

图 4.22　旋转画布　　　　　　图 4.23　【风】对话框　　　　　　图 4.24　风效果

步骤 9：执行【图像】→【旋转画布】→【顺时针 90 度】命令，对画布进行旋转，效果如图 4.25 所示。

步骤 10：执行【滤镜】→【扭曲】→【极坐标】命令，打开【极坐标】滤镜对话框，选择"平面坐标到极坐标"如图 4.26 所示。此时图像效果如图 4.27 所示。

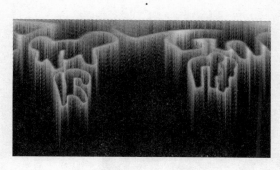

图 4.25　旋转画布　　　　　　　　　图 4.26　【极坐标】对话框

步骤 11：新建图层，设置图层的混合模式为"颜色"，如图 4.28 所示。

图 4.27　极坐标效果　　　　　　　　图 4.28　图层模式

步骤 12：选择"渐变"工具，在渐变工具箱中选择填充为"色谱"，如图 4.29 所示。

步骤 13：在画布左上角单击鼠标并拖动到画布右下角，此时，在画布上已经可以看到光芒字的效果，如图 4.1 所示。

图 4.29　色谱

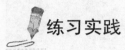练习实践

参考本案例的学习的知识，利用【极坐标】滤镜与【风】滤镜制作出盘旋效果的文字，如图 4.30 所示。

图 4.30　盘旋效果文字

任务 2　褶皱效果

任务描述

本案例中主要通过运用【云彩】和【分层云彩】命令，并配合使用【置换】命令将一幅平整的海报制作成褶皱效果，最终效果如图 4.31 所示。

图 4.31　褶皱最后效果图

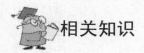

相关知识

4.2.1 【云彩】滤镜

【云彩】滤镜属于【渲染】滤镜组，进行图像处理时，根据预先在绘图工具栏中设置的前景色和背景色，并使用随机像素方式将图像转换成柔和的云彩效果。

4.2.2 【分层云彩】滤镜

【分层云彩】滤镜属于【渲染】滤镜组，在进行图像处理时，根据预先设置的前景色和背景色使用随机像素方式将图像的背景转换成柔和的云彩，同时将图像颜色进行反相使其与云彩混合。打开配套素材文件 04/相关知识/城市.jpg，如图 4.32 所示。执行【滤镜】→【渲染】→【分层云彩】命令，图像效果如图 4.33 所示。

图 4.32 原图像　　　　　　　　　图 4.33 分层云彩效果

4.2.3 【置换】滤镜

【置换】滤镜属于【扭曲】滤镜组，该滤镜根据要置换成的其他图像的亮度值，重新排列成现有的图像，使之变成扭曲的形状。【置换】滤镜是 Photoshop 中最为与众不同的一个特技滤镜，一般很难预测它产生的效果。执行【滤镜】→【扭曲】→【置换】命令，打开【置换】滤镜对话框，如图 4.34 所示。值得注意的是，在选择置换图像时，要求该图必须为 PSD 格式。

该对话框中的各个参数作用如下。

◆ 水平比例：设置置换图在最终效果图中水平方向变形比例。

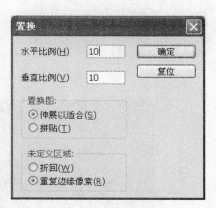

图 4.34 【置换】对话框

◆ 垂直比例：设置置换图在最终效果图中垂直方向的变形比例。

◆ 置换图：设置决定位移灰度图的移动方式，包括【伸展以适合】和【拼贴】两种模式，【伸展以适合】模式在移动文件的尺寸跟源文件不符合时，自动将图案调整到与原图形相同的范围；【拼贴】模式在位移图形尺寸与原图形不符合时，自动以拼贴方式补足空白操作区域。

◆ 未定义区域：定义超出位移范围时的系统操作方式，折回方式指图像中的边缘像素填充未定义的空白区域，重复边缘像素方式指定方向扩展图像边缘像素。

【置换】滤镜的工作方式并非在对话框设置好后就可进行处理，而是打开一个文件作为位移图，然后根据位移图上的色度值进行像素移置。位移图的色度值控制了位移的方向，低色度值使被筛选图向下向右移动，高色度值产生向上向左的位移。

下面以一个实例来说明【置换】滤镜的功能与效果。

步骤 1：打开配套素材文件 04/相关知识/石壁.jpg 和 04/相关知识/国旗.jpg，如图 4.35 和图 4.36 所示。

图 4.35　石壁图像

图 4.36　国旗图像

步骤 2：将"国旗.jpg"图片拖动到"石壁.jpg"文件的中间位置，形成图层 1。

图 4.37　执行置换命令

步骤 3：在图层 1 上，执行【滤镜】→【扭曲】→【置换】命令，打开【置换】对话框，如图 4.34 所示，单击【确定】按钮，选择已经准备好的置换文件"置换.psd"，得到图像效果如图 4.37 所示。

步骤 4：将图层 1 的混合模式设置为"柔光"，此时图像效果如图 4.38 所示。

注意：若图层 1 不执行【置换】命令，而是直接设置为"柔光"模式，效果如图 4.39 所示。显然经过【置换】的效果更加真实、形象。

图 4.38　经过置换的效果

图 4.39　没有置换的效果

4.2.4 【浮雕效果】滤镜

　　【浮雕效果】滤镜属于【风格化】滤镜组,该滤镜能通过勾画图像的轮廓和降低周围色值来产生灰色的浮凸效果。执行【滤镜】→【风格化】→【浮雕效果】命令,打开【浮雕效果】滤镜对话框,如图 4.40 所示。

　　其中各项参数的含义如下。

◆　角度:用于设置浮雕效果光源的方向。

◆　高度:用于控制图像凸起的高度。

◆　数量:用于设置源图像细节和颜色的保留程度。

　　打开配套素材文件 04/相关知识/荷花.jpg,如图 4.41 所示。执行【滤镜】→【风格化】→【浮雕效果】命令后图像产生浮雕效果,如图 4.42 所示。

图 4.40　【浮雕效果】滤镜对话框

图 4.41　原图像

图 4.42　浮雕效果

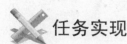 **任务实现**

　　步骤 1:打开配套素材文件 04/案例/风景画.jpg,如图 4.43 所示,并且保存文件为“褶皱效果.psd”。

图 4.43　素材图像

步骤 2：重新打开"风景画.jpg"文件，选择【图像】→【画布大小】命令，打开【画布大小】对话框，将宽度和高度根据所选素材适当调节大小，将"画布扩展颜色"设置为"#762323"，如图 4.44 所示，单击【确定】按钮，得到如图 4.45 所示的效果。

图 4.44　【画布大小】对话框

图 5.45　设置画面后图像效果

  步骤 3：按【Ctrl+Shift+N】组合键，创建新图层，名为"图层 1"。设置前景色为黑色，按【Alt+Del】组合键，填充前景色。

  步骤 4：选择【滤镜】→【渲染】→【云彩】命令，在"图层 1"上实现云彩效果，得到如图 4.46 所示的效果。

  步骤 5：选择【滤镜】→【渲染】→【分层云彩】命令，实现分层云彩效果，然后按【Ctrl+F】组合键，重复执行该命令，直至得到满意的效果，如图 4.47 所示。

图 4.46　云彩效果

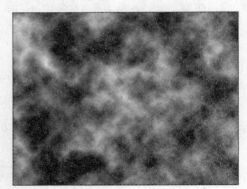

图 4.47　分层云彩效果

  步骤 6：选择【滤镜】→【风格化】→【浮雕效果】命令，打开【浮雕效果】对话框，其参数设置如图 4.48 所示，单击【确定】按钮，得到如图 4.49 所示效果。

  步骤 7：用鼠标左键按住"图层 1"不放，将其拖至【创建新的图层】按钮上，复制"图层 1"，得到"图层 1 副本"。

  步骤 8：选择【滤镜】→【模糊】→【高斯模糊】命令，打开【高斯模糊】对话框，设置半径为"3 像素"，如图 4.50 所示，单击【确定】按钮，得到如图 4.51 所示的效果。

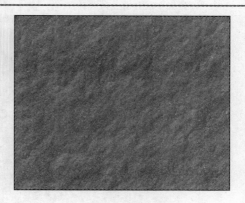

图 4.48　【浮雕效果】对话框　　　　　图 4.49　图像效果

图 4.50　【高斯模糊】对话框　　　　图 4.51　应用【高斯模糊】后效果

　　步骤 9：双击"背景"层，将其转换为普通图层，名为"图层 0"，再将"图层 1 副本"拖至"图层 0"的下方，隐藏"图层 1"。

　　步骤 10：选择"图层 0"，执行【滤镜】→【扭曲】→【置换】命令，打开【置换】对话框，保持系统默认值，如图 4.52 所示，单击【确定】按钮，弹出【选择一个置换图】对话框，如图 4.53 所示，然后选择前面保存的置换图。得到置换后的效果如图 4.54 所示。

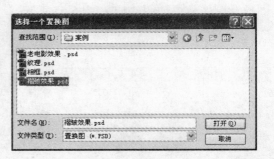

图 4.52　【置换】对话框　　　　　图 4.53　【选择一个置换图】对话框

图 4.54　置换效果

步骤 11：将"图层 0"的图层混合模式更改为"叠加"，【图层】面板及图像效果如图 4.55 和图 4.56 所示。

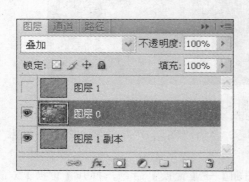

图 4.55　【图层】面板　　　　　　　　　　　图 4.56　更改"图层 0"混合模式

步骤 12：设置"图层 1"为可见图层，并将"图层 1"的图层混合模式更改为"强光"，【图层】面板及图像效果如图 4.57 和图 5.58 所示。

图 4.57　【图层】面板　　　　　　　　　　　图 4.58　更改"图层 1"混合模式

步骤 13：选择"图层 0"为当前图层，从工具箱中选择【魔术棒】工具，选中风景画四周的颜色（即"#762323"）部分，如图 4.59 所示，然后选择"图层 1"为当前图层，按【Del】键，删除"图层 1"四周的多余部分，图像效果如图 4.60 所示。

图 4.59　"图层 1"面板　　　　　　　　　　图 4.60　删除"图层 1"多余部分

步骤 14：选择"图层 1 副本"为当前图层，按【Del】键，删除"图层 1 副本"四周的多余部分，按【Ctrl+D】组合键，取消选区，至此褶皱效果制作完毕，图像最后的效果如图 4.31 所示。

 练习实践

浮雕文字在现实生活中是很少见到的，但是艺术浮雕是很常见的，在本次练习实践中将主要运用到【高斯模糊】、【扭曲】、【置换】、【色彩平衡】、【曲线】等命令，制作如图 4.61 所示的效果。

图 4.61　浮雕文字效果图

任务 3　香浓巧克力

 任务描述

本案例讲解的是香浓巧克力效果的制作，要实现该效果需要综合运用【镜头光晕】滤镜、

【喷色描边】滤镜、【波浪】滤镜、【铬黄】滤镜以及【旋转扭曲】等滤镜。最终效果如图 4.62 所示。

图 4.62 香浓巧克力效果

相关知识

4.3.1 【镜头光晕】滤镜

【镜头光晕】滤镜属于【渲染】滤镜组，该滤镜通常用于在图像上添加阳光产生的光晕。这种方式可以用于模拟照相机镜头拍照时所产生的特殊效果。

图 4.63 【镜头光晕】对话框

执行【滤镜】→【渲染】→【镜头光晕】命令，打开【镜头光晕】对话框，如图 4.63 所示。

该对话框中各个参数的作用如下。

◆ 光晕中心：用于调整闪光中心，可直接在预览框中单击鼠标选择闪光中心。

◆ 亮度：用于调节反光的强度，值越大，反光越强。

◆ 镜头类型：用于选择不同类型的镜头，系统提供了 4 种形式。

4.3.2 【喷色描边】滤镜

【喷色描边】滤镜处于【画笔描边】滤镜组中，该滤镜的功能是按照一定的角度向图像喷射颜料，重新绘制在图像上，产生斜纹飞溅效果。执行【滤镜】→【画笔描边】→【喷色描边】命令，打开【喷色描边】对话框，如图 4.64 所示。

图 4.64 【喷色描边】对话框

该对话框中的各个参数作用如下。

◆ 描边长度：用于设置喷色描边笔触的长度。

◆ 喷色半径：用于设置图像飞溅的半径。

◆ 描边方向：用于设置喷色方向，包括"右对角线"、"水平"、"左对角线"和"垂直"4 种。

打开配套素材文件中的 04/相关知识/竹叶.jpg，如图 4.65 所示。执行【滤镜】→【画笔描边】→【喷色描边】命令，设置"描边长度"为"14"，"喷色半径"为"9"，"描边方向"为"垂直"，此时图像效果如图 4.66 所示。

图 4.65 原图像

图 4.66 喷色描边效果

4.3.3 【波浪】滤镜

【波浪】滤镜属于【扭曲】滤镜组，该滤镜可以根据设定的波长产生波浪效果。执行【滤镜】→【扭曲】→【波浪】命令，打开【波浪】对话框，如图 4.67 所示。

该对话框中的各个参数作用如下。

◆ 生成器数：用于设置产生波浪的波源数目。

◆ 波长：用于控制波峰间距。有"最小"和"最大"两个参数，分别表示最短波长和最长波长，最短波长值不能超过最长波长值。

◆ 波幅：用于设置波动幅度，有"最小"和"最大"两个参数，表示最小波幅和最大波幅，最

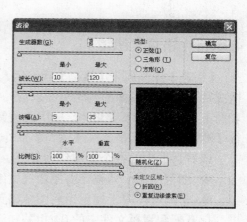

图 4.67 【波浪】对话框

小波幅不能超过最大波幅。

◆ 比例：用于调整水平和垂直方向的波动幅度。

◆ 类型：用于设置波动类型，包括"正弦"、"三角形"和"方形"3 种。

◆ 随机化(Z) 按钮：单击该按钮，可以随机改变波动效果。

打开配套素材文件中的 04/相关知识/水.jpg，如图 4.68 所示。执行【滤镜】→【扭曲】→【波浪】命令，打开【波浪】对话框，按图 4.69 所示进行设置，单击【确定】按钮，此时图像效果如图 4.70 所示。

图 4.68　原图像

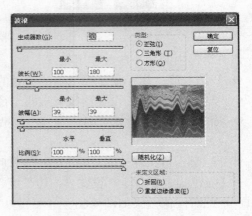

图 4.69　【波浪】对话框

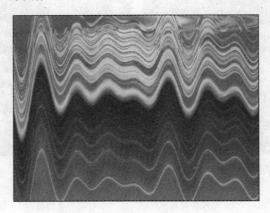

图 4.70　波浪效果

4.3.4　【铬黄】滤镜

【铬黄】滤镜属于【素描】滤镜组，该滤镜用于产生磨光的金属表面效果，其金属的明暗情况基本上与原图像的明暗分布对应，它将图像处理成好像是擦亮的铬黄表面，高光在反射表面上是高点，阴影是低点。应用此滤镜后，使用【色阶】对话框可以增加图像的对比度。执行【滤镜】→【素描】→【铬黄】命令，打开【铬黄】滤镜对话框，如图 4.71 所示。

该对话框中的各个参数作用如下。

◆ 细节：用于调整当前图像铬黄细节程度。

◆ 平滑度：用于调整当前图像铬黄的平滑程度。

打开配套素材文件中的 04/相关知识/花.jpg，如图 4.72 所示，执行【滤镜】→【素描】→

【铬黄】命令，打开【铬黄】滤镜对话框，设置"细节"为"8"，"平滑度"为"4"，单击【确定】按钮，此时图像的效果如图 4.73 所示。再执行【图像】→【调整】→【色阶】命令，进行简单调节，得到图像的最终效果如图 4.74 所示。

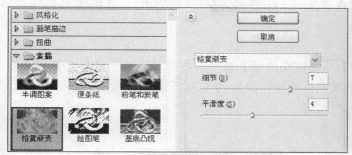

图 4.71　【浮雕效果】对话框

图 4.72　原图像

图 4.73　铬黄效果

图 4.74　调整色阶

4.3.5　【旋转扭曲】滤镜

【旋转扭曲】滤镜处于【扭曲】滤镜组中，该滤镜的功能是以选区为中心来旋转扭曲图像，使处理的图像呈现出漩涡状。【扭曲】滤镜主要通过"角度"的设置，来体现扭曲的程度。

打开配套素材文件中的 04/相关知识/弥漫.jpg，如图 4.75 所示，执行【滤镜】→【扭曲】→【旋转扭曲】命令，打开【旋转扭曲】滤镜对话框，设置"角度"为"688"，如图 4.76 所示，单击【确定】按钮，图像效果如图 4.77 所示。

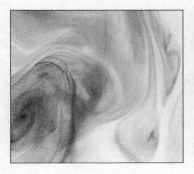

图 4.75　原图像

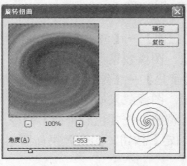

图 4.76　【旋转扭曲】对话框

图 4.77　旋转扭曲效果

169

任务实现

步骤 1：新建文件，大小为"500 像素×400 像素"，分辨率为"72 像素/英寸"，RGB
模式。

步骤 2：新建图层，填充为黑色。

步骤 3：执行【滤镜】→【渲染】→【镜头光晕】命令，打开【镜头光晕】对话框，按
图 4.78 所示进行设置，单击【确定】按钮，图像效果如图 4.79 所示。

图 4.78　【镜头光晕】对话框　　　　　　　　　图 4.79　镜头光晕效果

步骤 4：执行【滤镜】→【画笔描边】→【喷色描边】命令，打开【喷色描边】对话框，
按图 4.80 所示进行设置，单击【确定】按钮，图像效果如图 4.81 所示。

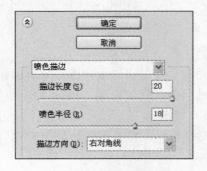

图 4.80　【喷色描边】对话框　　　　　　　　　图 4.81　喷色描边效果

步骤 5：执行【滤镜】→【扭曲】→【波浪】命令，打开【波浪】对话框，按图 4.82 所
示进行设置，单击【确定】按钮，图像效果如图 4.83 所示。

步骤 6：执行【滤镜】→【素描】→【铬黄】命令，打开【铬黄】对话框，按图 4.84 所
示进行设置，单击【确定】按钮，图像效果如图 4.85 所示。

步骤 7：选择【图像】→【调整】→【色彩平衡】命令，打开【色彩平衡】对话框，按
图 4.86 所示进行设置，单击【确定】按钮，图像效果如图 4.87 所示。

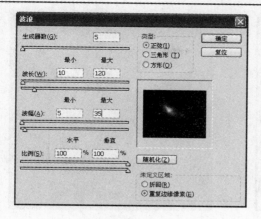

图 4.82 【波浪】对话框

图 4.83 波浪效果

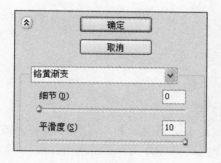

图 4.84 【铬黄】对话框

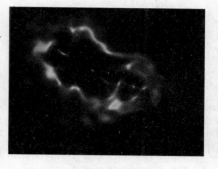

图 4.85 铬黄效果

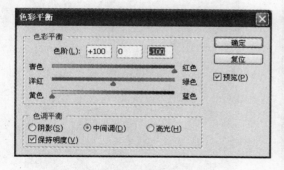

图 4.86 【色彩平衡】对话框

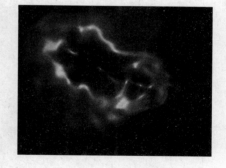

图 4.87 图像效果

步骤 8: 执行【滤镜】→【扭曲】→【旋转扭曲】命令,打开【旋转扭曲】滤镜对话框,按图 4.88 所示进行设置,单击【确定】按钮,巧克力效果制作完成,最终效果如图 4.62 所示。

 **练习实践**

在 Photoshop CS4 中新建文件,综合运用渐变工具、【波浪】滤镜、【极坐标】滤镜、【铬黄】滤镜、【旋转扭曲】滤镜,并使用"渐变叠加"图层样式,制作对称图案效果,如图 4.89 所示。

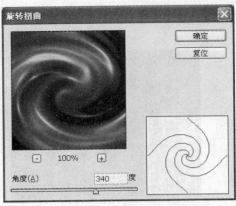

图 4.88 【旋转扭曲】对话框

图 4.89 对称图案

任务 4 老电影效果

任务描述

本案例利用【绘图笔】、【海洋波纹】、【云彩】、【动感模糊】和【胶片颗粒】滤镜制作出了具有杂纹和杂点的胶片底板，并利用图层混合模式将照片与杂纹杂点混合在一起，形成老电影效果。原图与处理后的效果如图 4.90 和图 4.91 所示。

图 4.90 原图像

图 4.91 老电影效果

相关知识

4.4.1 【绘图笔】滤镜

【绘图笔】滤镜属于【素描】滤镜组，该滤镜将以前景色和背景色生成一种钢笔素描效果，图像中没有轮廓，只有变化的笔触效果。执行【滤镜】→【素描】→【绘图笔】命令，打开

【绘图笔】滤镜对话框，如图 4.92 所示。

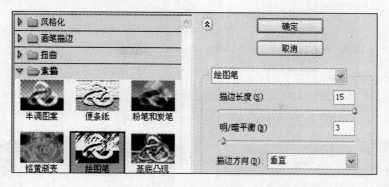

图 4.92 【绘图笔】滤镜对话框

该对话框中的各个参数作用如下。

◆ 描边长度：用于调节笔划在图像中的长度。

◆ 明/暗平衡：用于调整图像前景色和背景色的比例，值为 0 时，图像被背景色填充；值为 100 时，图像被前景色填充。

◆ 描边方向：用于选择笔触的方向。

打开配套素材文件中的 04/相关知识/雪景.jpg，如图 4.93 所示。执行【滤镜】→【素描】→【绘图笔】命令，设置"描边长度"为"12"，"明/暗平衡"为"50"，"描边方向"为"右对角线"，应用【绘图笔】滤镜后的图像效果如图 4.94 所示。

图 4.93 原图像

图 4.94 绘画笔效果

4.4.2 【海洋波纹】滤镜

【海洋波纹】滤镜属于【扭曲】滤镜组中，该滤镜可以产生海洋表面的波纹效果。执行【滤镜】→【扭曲】→【海洋波纹】命令，打开【海洋波纹】滤镜对话框，有"波纹大小"和"波纹幅度"两个参数值，如图 4.95 所示。当波纹幅度设为"0"时，无论波纹大小值怎样改变，图像都无变化。

打开配套素材文件中的 04/相关知识/水.jpg，如图 4.96 所示。执行【滤镜】→【扭曲】→【海洋波纹】命令，打开【海洋波纹】对话框，波纹大小设置为"13"，波纹幅度设置为"16"，单击【确定】按钮，此时图像效果如图 4.97 所示。

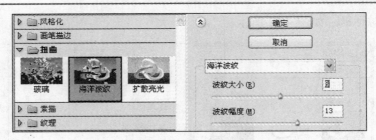

图 4.95　【海洋波纹】对话框

图 4.96　原图像

图 4.97　海洋波纹效果

4.4.3　【动感模糊】滤镜

　　【动感模糊】滤镜处于【模糊】滤镜组中，该滤镜可以模仿拍摄运动物体的手法，通过使像素进行某一方向上的线性位移来产生运动模糊效果。

　　执行【滤镜】→【模糊】→【动感模糊】命令，打开【动感模糊】滤镜对话框，如图 4.98所示。该对话框中的各个参数作用如下。

　　◆　角度：用于控制运动模糊的方向，可以通过改变文本框中的数字或直接拖动指针来调整。

　　◆　距离：用于控制像素移动的距离，即模糊的强度。

图 4.98　【动感模糊】对话框

下面以一实例来说明【动感模糊】滤镜的作用。

步骤 1： 打开配套素材文件中的 04/相关知识/猎豹.psd。

步骤 2： 选择"背景"图层，执行【滤镜】→【模糊】→【动感模糊】命令，角度设置为"45"度，距离设置为"10 像素"，图像效果如图 4.100 所示。

图 4.99　原图像

图 4.100　动态模糊效果

4.4.4　【胶片颗粒】滤镜

【胶片颗粒】滤镜处于【艺术效果】滤镜组中，该滤镜可以产生胶片颗粒纹理效果。执行【滤镜】→【艺术效果】→【胶片颗粒】命令，打开【胶片颗粒】对话框，如图 4.101 所示。该对话框中的各个参数作用如下。

◆ 颗粒：用于调节颗粒纹理的稀疏程度，该值越大，颗粒越多，颗粒纹理越明显。

◆ 高光区域：用于设置高光亮度区域的范围，该值越大，亮度区域也越大。

◆ 强度：用于调节图像的局部亮度，值越大，亮度强的位置颗粒就越少。

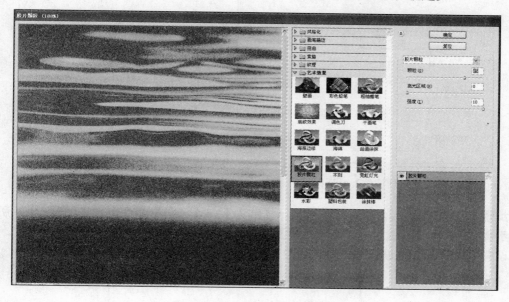

图 4.101　【胶片颗粒】对话框

任务实现

步骤 1：执行【文件】→【新建】命令，创建一个"500 像素×498 像素"的文件，文件名为"老电影"，分辨率为"300 像素/英寸"，"颜色模式"为"RGB"，背景颜色为"白色"。

步骤 2：新建图层 1，填充颜色为"#808080"。

步骤 3：执行【滤镜】→【素描】→【绘图笔】命令，"描边长度"设置"15"，"明/暗平衡"设置为"3"，"描边方向"设置为"垂直"，如图 4.102 所示。此时，图像效果如图 4.103 所示。

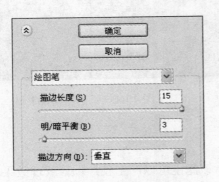

图 4.102　【绘图笔】对话框

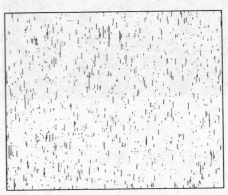

图 4.103　图像效果

步骤 4：执行【滤镜】→【扭曲】→【海洋波纹】命令，将"波纹大小"设置为"5"，"波纹幅度"设置为"2"，如图 4.104 所示。此时，图像效果如图 4.105 所示。

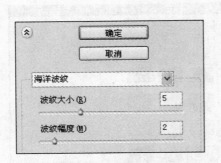

图 4.104　【海洋波纹】对话框

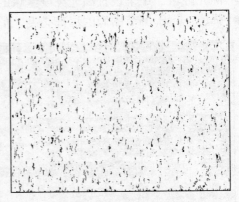

图 4.105　图像效果

步骤 5：建立图层 2，执行【滤镜】→【渲染】→【云彩】命令，效果如图 4.106 所示。

步骤 6：执行【滤镜】→【艺术效果】→【胶片颗粒】命令，将颗粒设置为"20"，高光区域设置为"5"，强度设置为"1"，如图 4.107 所示。此时，图像效果如图 4.108 所示。

图 4.106　云彩效果

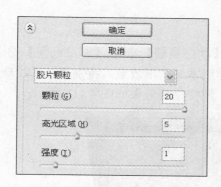

图 4.107　【胶片颗粒】对话框

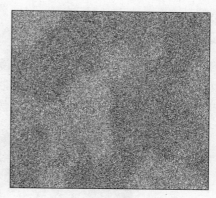

图 4.108　图像效果

步骤 7：将图层 2 的不透明度设置为"40%"，此时图像效果如图 4.109 所示。

步骤 8：打开配套素材文件中的 04/相关知识/观光胜地.jpg，如图 4.90 所示。执行【图像】→【模式】→【灰度】命令，将图像转换成灰度模式，图像效果如图 4.110 所示。

图 4.109　设置不透明度

图 4.110　灰度模式

步骤 9：按下【Shift】键，选择【移动工具】将"风景.jpg"图片移动到"老电影"文件中，得到图层 3。

步骤 10：将图层 3 的混合模式设置为"正片叠底"，老电影效果的图像制作完成，效果如图 4.91 所示。

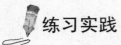练习实践

通过应用【胶片颗粒】滤镜和【动感模糊】滤镜，并加以色彩的调整，制作出具有动感的底纹，经过重新裁剪和编排，最终形成竹编纹理效果，如图 4.111 所示。

任务 5　木制相框

图 4.111　竹编纹理

任务描述

本案例通过图层效果与【添加杂色】滤镜、【动感模糊】滤镜、【基底凸现】滤镜、【纹理化】滤镜及【方框模糊】滤镜的配合使用，制作出木制相框效果，特别通过【纹理化】滤镜给相框添加了文字纹理，使其更加美观、活泼。图像最终效果如图 4.112 所示。

图 4.112　木制相框

相关知识

4.5.1　【添加杂色】滤镜

【添加杂色】滤镜属于【杂色】滤镜组中，该滤镜可以在图像上应用随机像素，模仿高速胶片上捕捉动画时的效果。还可以用来消除渐变色带及过度修饰的区域，使图像看起来更加真实。执行【滤镜】→【杂色】→【添加杂色】命令，打开【添加杂色】滤镜对话框，如图 4.113 所示。该对话框中的各个参数作用如下。

- ◆ 数量：用于设置杂色增加的程度。
- ◆ 分布：用于设置图像处理时杂色分布的方式。
- ◆ 单色：杂色以单色来表现。

打开配套素材文件中的04/相关知识/球.jpg,如图4.114所示。执行【滤镜】→【杂色】→【添加杂色】命令,"数量"设置为"25",选择"平均分布"选项,图像效果如图4.115所示。

图4.113 【添加杂色】对话框　　　　图4.114　原图像　　　　图4.115　添加杂色

4.5.2 【基底凸现】滤镜

【基底凸现】滤镜属于【素描】滤镜组中,用前景色填充图像较暗的区域,用背景色填充图像较亮的区域,产生出一种具有凹凸感的、粗糙的浮雕效果,但它比【浮雕效果】滤镜更精细,且能保留图像较多的细节。

选择【滤镜】→【素描】→【基底凸现】命令,打开【基底凸现】滤镜对话框,如图4.116所示。

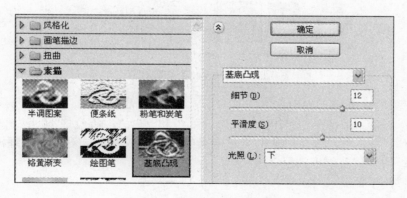

图4.116　【基底凸现】对话框

该对话框中的各个参数作用如下。

◆ 细节:用于设置基底凸现效果的细节部分。

◆ 平滑:用于设置基底凸现效果的光洁度。

◆ 光照:在该下拉列表框中可以选择基底凸现效果的光照方向。

打开配套素材文件中的04/相关知识/荷花.jpg,如图4.117所示,执行【滤镜】→【素描】→【基底凸现】命令,打开【基底凸现】滤镜对话框,设置细节为"8",平滑度为"2",光照为"下",单击【确定】按钮,此时图像的效果如图4.118所示。

图 4.117 原图像

图 4.118 基底凸现效果

4.5.3 【纹理化】滤镜

【纹理化】滤镜属于【纹理】滤镜组，该滤镜可以在图像中产生系统预设的纹理效果，或根据另一个文件的亮度值向图像中添加纹理效果。执行【滤镜】→【纹理】→【纹理化】命令，打开【纹理化】滤镜对话框，如图 4.119 所示。

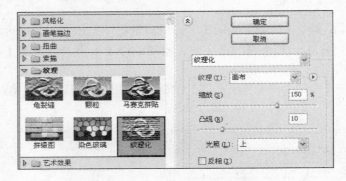
图 4.119 【纹理化】滤镜对话框

该对话框中的各个参数作用如下。

◆ 纹理：提供了"砖形"、"粗麻布"、"画布"和"砂岩"等纹理类型，另外，用户还可以选择"载入纹理"选项来装载自定义的以 PSD 文件格式存放的纹理模板。

◆ 缩放：用于调整纹理的尺寸大小。

◆ 凸现：用于调整纹理产生的厚度。

◆ 光照：提供了 8 个方向的光照效果。

在 Photoshop CS4 中新建文件，背景填充颜色为 "#b12723"，执行【滤镜】→【纹理】→【纹理化】命令，按图 4.120 所示进行设置，单击【确定】按钮，得到砖墙的效果，如图 4.121所示。

图 4.120　【纹理化】对话框

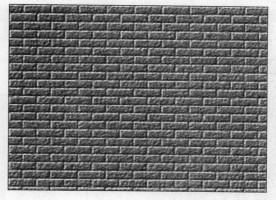

图 4.121　砖墙效果

4.5.4　【方框模糊】滤镜

【方框模糊】滤镜属于【模糊】滤镜组，该滤镜以邻近像素颜色平均值为基准模糊图像。执行【滤镜】→【模糊】→【方框模糊】命令，打开【方框模糊】对话框，如图 4.122 所示。半径值越大，产生的模糊效果越好。

任务实现

步骤 1： 执行【文件】→【新建】命令，创建一个 "650 像素×450 像素" 的文件，RGB 模式。

步骤 2： 新建图层，填充颜色为#675113。执行【滤镜】→【杂色】→【添加杂色】命令，打开【添加杂色】滤镜对话框，按图 4.123 所示进行设置。单击【确定】按钮，图像效果如图 4.124 所示。

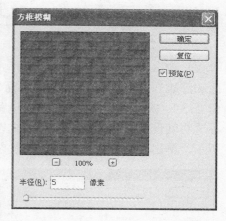

图 4.122　【方框滤镜】对话框

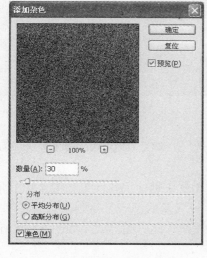

图 4.123　【添加杂色】对话框

图 4.124　添加杂色效果

步骤 3：执行【滤镜】→【模糊】→【动感模糊】命令，打开【动感模糊】对话框，按图 4.125 所示进行设置，单击【确定】按钮，图像效果如图 4.126 所示。

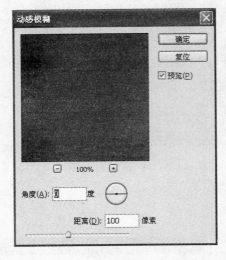

图 4.125　【动感模糊】对话框

图 4.126　动感模糊效果

步骤 4：为图层 1 设置图层样式，在图层面板上单击"添加图层样式"按钮，选择"斜面和浮雕"，将样式设置为"内斜面"，方法设置为"平滑"，深度设置为"200%"，大小设置为"15"，软化设置为"0"，角度设置为"120"，高度设置为"30"，高光模式设置为"滤色"，不透明度设置为"55%"，阴影模式设置为"正片叠底"，不透明度设置为"40%"，如图 4.127 所示。单击【确定】按钮，图像效果如图 4.128 所示。

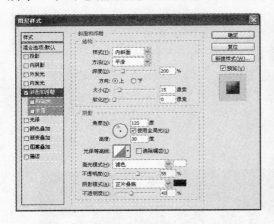

图 4.127　图层样式

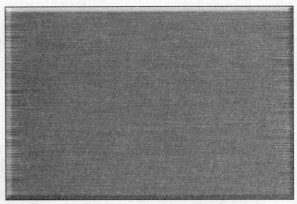

图 4.128　斜面和浮雕效果

步骤 5：在画布中利用"矩形选框"工具创建一个选区，然后按【Delete】键，删除选区中的图像。效果如图 4.129 所示。

步骤 6：新建一个文件，在上面写一些文字，作为相框纹理使用，效果如图 4.130 所示。

步骤 7：合并所有图层，执行【滤镜】→【素描】→【基底凸现】命令，打开【基底凸现】对话框，按图 4.131 所示进行设置。单击【确定】按钮，此时图像效果如图 4.132 所示。保存该文件，命名为"纹理.psd"。

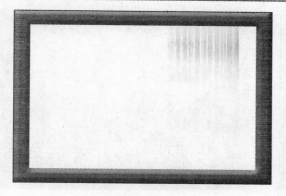

图 4.129　相框

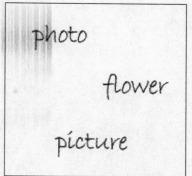

图 4.130　文字纹理

图 4.131　【基底凸现】对话框

图 4.132　图像效果

步骤 8：选择相框画布，执行【滤镜】→【纹理】→【纹理化】命令，打开【纹理化】滤镜对话框，单击 按钮，打开【载入文理】对话框，选择文件"纹理.psd"，然后在【纹理化】滤镜对话框中将缩放设置为"87%"，凸现设置为"10"，光照设置为"右下"，如图 4.133 所示。单击【确定】按钮，此时图像效果如图 4.134 所示。

图 4.133　【纹理化】对话框

图 4.134　图像效果

步骤 9：打开配套素材文件中的 04/案例/雪山.jpg，如图 4.135 所示。将该图片移到相框文件中，将雪山图片缩小并进行适当调整，正好放在相框中，如图 4.136 所示。

图 4.135　雪山图片

图 4.136　相框效果

步骤 10：将背景层外的所有图层合并，将图像缩小，然后执行【编辑】→【变换】→【斜切】命令，进行倾斜处理，效果如图 4.137 所示。

步骤 11：新建图层，利用钢笔工具，在相框后面画出阴影部分的路径，如图 4.138 所示。

步骤 12：按【Ctrl+Enter】组合键，将路径转换成选区，将选区填充颜色为 "#3c3b3a"，如图 4.139 所示。

步骤 13：在阴影图层上执行【滤镜】→【模糊】→【方框模糊】命令，按图 4.140 所示进行设置，单击【确定】按钮，此时图像效果如图 4.141 所示。

图 4.137　相框效果

图 4.138　绘制路径

图 4.139　填充颜色

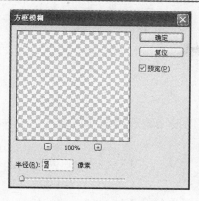

图 4.140　【方框模糊】对话框

图 4.141　相框效果

步骤 14：将阴影进行微调，放在更合适的位置，并将多余部分删除，最终图像效果如图 4.112 所示。

练习实践

应用【添加杂色】滤镜、【高斯模糊】滤镜、【阈值】命令及图层的"斜面和浮雕"样式制作出水滴飞溅的效果，如图 4.142 所示。

任务 6　电路板纹理

任务描述

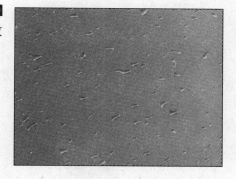

图 4.142　水滴飞溅效果

本案例综合运用【云彩】滤镜、【底纹效果】滤镜、【照亮边缘】滤镜、【马赛克】滤镜，并配合使用【色相/饱和度】命令，制作出电路板纹理效果，电路板上分布着各种线路的交叉连接，看起来很复杂、凌乱，但是排列有序，形象、逼真。最终效果如图 4.143 所示。

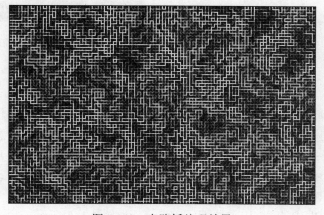

图 4.143　电路板纹理效果

185

4.6.1 【底纹效果】滤镜

【底纹效果】滤镜属于【艺术效果】滤镜组，该滤镜可以根据纹理类型和色值产生一种纹理喷绘的图像，看起来图像好像是从背面画出来的。

4.6.2 【照亮边缘】滤镜

图 4.144　【照亮边缘】对话框

【照亮边缘】滤镜属于【风格化】滤镜组，该滤镜可以加重图像边缘轮廓的发光效果，该效果与查找边缘滤镜很相似。执行【滤镜】→【风格化】→【照亮边缘】命令，打开【照亮边缘】滤镜对话框，如图 4.144 所示。该对话框中的各个参数作用如下。

◆ 边缘宽度：用于设置描绘边缘线条的宽度。

◆ 边缘亮度：用于设置描绘边缘线条的亮度。

◆ 平滑度：用于设置描绘边缘线条的光滑程度。

打开配套素材文件中的 04/相关知识/金鱼.jpg，如图 4.145 所示，执行【滤镜】→【风格化】→【照亮边缘】命令，打开【照亮边缘】滤镜对话框，设置边缘宽度设置为"4"，边缘亮度设置为"6"，平滑度设置为"6"，单击【确定】按钮，图像效果如图 4.146 所示。

图 4.145　原图像　　　　　　　　　　　　　　图 4.146　照亮边缘效果

4.6.3 【马赛克】滤镜

【马赛克】滤镜属于【像素化】滤镜组，该滤镜可以将图像分组，并转换为颜色单一的方块，产生出马赛克的效果。该效果在图像有时需要处理成模糊不清而特意体现出一定的艺术感时常常可以用到。执行【滤镜】→【像素化】→【马赛克】命令，打开【马赛克】滤镜对话框，如图 4.147 所示。该对话框中只有一个参数，【单元格大小】用于设置小方格的大小。数值越大，方格面积越大。

打开配套素材文件中的 04/相关知识/金鱼.jpg，如图 4.145 所示，执行【滤镜】→【像素化】→【马赛克】命令,打开【马赛克】滤镜对话框,设置"单元格大小"为"20",单击【确定】按钮,此时图像效果如图 4.148 所示。

图 4.147 【马赛克】对话框

图 4.148 马赛克效果

4.6.4 【USM 锐化】滤镜

【USM 锐化】滤镜处于【锐化】滤镜组中,该滤镜可以在图像边缘的两侧分别制作一条明线或暗线来调整边缘细节的对比度,使图像边缘轮廓锐化。执行【滤镜】→【锐化】→【USM 锐化】命令,打开【USM 锐化】滤镜对话框,如图 4.149 所示。

该对话框中的各个参数作用如下。

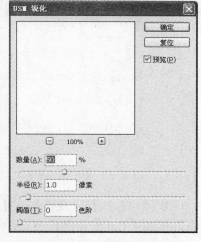

◆ 数量:用于调节锐化的程度。值越大,锐化效果越明显。

◆ 半径:用于设置图像轮廓周围被锐化的范围。值越大,锐化效果越明显。

◆ 阈值:用于设置锐化的相邻像素必须达到的最低差值。只有对比度差值高于此值的像素才会得到锐化处理。

图 4.149 【USM 锐化】对话框

打开配套素材文件中的 04/相关知识/风景.jpg,如图 4.150 所示,对该图像应用【USM 锐化】滤镜,设置数量为"100%",半径为"8",锐化后效果如图 4.151 所示。

图 4.150 原图像

图 4.151 USM 锐化后效果

任务实现

图 4.152　云彩效果

步骤 1：执行【文件】→【新建】命令，创建一个 "600 像素×400 像素" 的文件，RGB 模式，分辨率为 "300 像素/英寸"。

步骤 2：新建图层 1，按【D】键恢复默认颜色设置。执行【滤镜】→【渲染】→【云彩】命令。图像效果如图 4.152 所示。

步骤 3：执行【滤镜】→【艺术效果】→【底纹效果】命令，打开【底纹效果】滤镜对话框，按图 4.153 所示进行设置，单击【确定】按钮，图像效果如图 4.154 所示。

图 4.153　【底纹效果】对话框

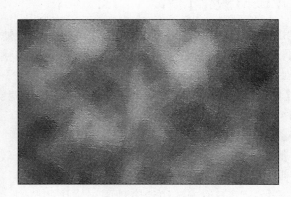

图 4.154　底纹效果

步骤 4：执行【滤镜】→【风格化】→【照亮边缘】命令，打开【照亮边缘】滤镜对话框，按图 4.155 所示进行设置，单击【确定】按钮，图像效果如图 4.156 所示。

图 4.155　【照亮边缘】对话框

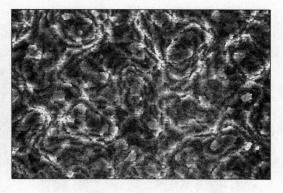

图 4.156　照亮边缘效果

步骤 5：执行【滤镜】→【像素化】→【马赛克】命令，打开【马赛克】滤镜对话框，按图 4.157 所示进行设置，单击【确定】按钮，图像效果如图 4.158 所示。

图 4.157　【照亮边缘】对话框

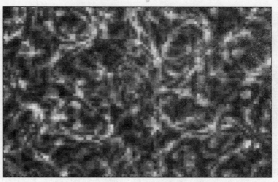

图 4.158　照亮边缘效果

步骤 6：再次执行【滤镜】→【风格化】→【照亮边缘】命令，打开【照亮边缘】滤镜对话框，按图 4.159 所示进行设置，单击【确定】按钮，图像效果如图 4.160 所示。

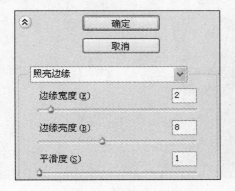

图 4.159　【照亮边缘】对话框

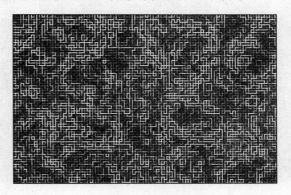

图 4.160　照亮边缘效果

步骤 7：执行【图像】→【调整】→【色相/饱和度】命令，按图 4.161 所示进行设置，图像效果如图 4.162 所示。

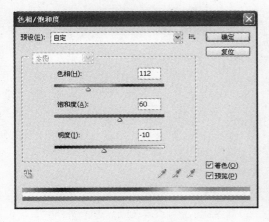

图 4.161　色彩调整

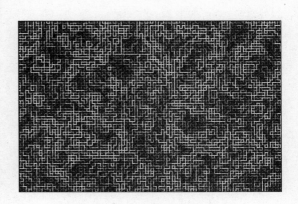

图 4.162　图像效果

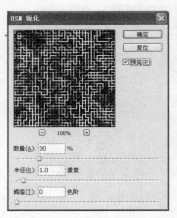

图 4.163 【USM 锐化】对话框

步骤 8：执行【滤镜】→【锐化】→【USM 锐化】命令，打开【USM 锐化】滤镜对话框，按图 4.163 所示进行设置，电路板效果制作完成，最终效果如图 4.143 所示。

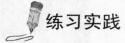 练习实践

打开配套素材文件中的 04/练习实践/马赛克.jpg，如图 4.164 所示，结合本案例学习内容，综合使用【高斯模糊】滤镜、【马赛克】滤镜、【进一步锐化】滤镜，再配合使用图层的"叠加"模式，制作出马赛克图像效果，如图 4.165 所示。

图 4.164 原图像   图 4.165 马赛克图像效果

学习情境五　图像抽取

教学目标

1. 熟悉运用基本工具抽取图像的方法；
2. 理解快速蒙版的原理和作用；
3. 理解通道的原理和作用；
4. 掌握运用快速蒙版和通道在图像抽取中的技巧；
5. 掌握运用滤镜抽取图像的方法；
6. 能根据图片的特点选择合适的抽取方法。

图像抽取也称抠图，是指从一幅图片中将某部分提取出来，以便于和其他的图像进行合成，是 Photoshop 图像处理领域中非常重要的应用之一。

抠图的方法有很多种，大致上可以分为两类：一是构造选区抠图，包括使用【选框工具】、【套索工具】、【魔术棒工具】、【钢笔工具】、【橡皮擦工具】、【历史记录画笔工具】等直接选取工具，也包括借助于蒙版、通道、色彩范围、色阶、图层混合模式、通道混合器等间接选取；二是运用滤镜抠图，包括 Photoshop 自带的滤镜和第三方开发的滤镜。

下面将结合几种典型的情况介绍几种抠图的方法和技巧。

任务 1　轮廓清晰图像的抽取

任务描述

本例的任务是对成分比较简单、边界比较清晰的图像进行抽取，可采用的工具主要有【魔棒工具】、【快速选择工具】、【磁性套索工具】、【钢笔工具】等。本例要求将图 5.1 中的水果抠出放置到图 5.2 所示的水果堆中。

图 5.1　待抠出的水果

图 5.2　水果堆

 相关知识

关于【魔棒工具】、【快速选择工具】、【磁性套索工具】、【钢笔工具】的用法详见 "学习情境一　图像简单处理"。

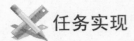 任务实现

方法一：运用魔棒工具

步骤 1： 在 Photoshop 中打开配套素材文件 05/实例/水果.jpg，如图 5.1 所示。

步骤 2： 选择工具箱中的【魔棒工具】，并在【魔棒工具】选项栏中选中【添加到选区】按钮，移动鼠标到编辑窗口，单击水果主体部分，如图 5.3 所示，部分区域已经被选中。

步骤 3： 继续单击未被选中的区域，扩大选取范围，直至所有区域被选中为止，如图 5.4 所示。在操作时对局部范围较小的区域可通过放大图像的方式加以选取。

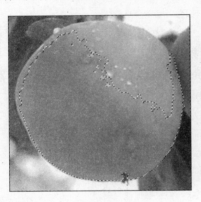 

　　　　图 5.3　部分选中　　　　　　　　　　　图 5.4　完全选中

方法二：运用快速选择工具

步骤 1： 在 Photoshop 中打开配套素材文件 05/实例/水果.jpg，如图 5.1 所示。

　　步骤 2：选择工具箱中的【快速选择工具】，并在【快速选择工具】选项栏中选中【添加到选区】按钮，移动鼠标到编辑窗口，在水果主体部分拖动鼠标即可选中左侧的水果，如图 5.5 所示。

　　方法三：运用磁性套索工具

　　步骤 1： 在 Photoshop 中打开配套素材文件 05/实例/水果.jpg，如图 5.1 所示。

　　步骤 2： 选择工具箱中的【磁性套索工具】，沿水果的边缘拖动鼠标以绘制选区，如图 5.6 所示，继续沿水果边界拖动鼠标，直到选区的起点，如图 5.7 所示。

图 5.5　运用【快速选择工具】快速选取

图 5.6 开始选取

图 5.7 选取完成

方法四：运用钢笔工具

步骤 1：在 Photoshop 中打开配套素材文件 05/实例/水果.jpg，如图 5.1 所示。

步骤 2：选择工具箱中的【钢笔工具】，并在【钢笔工具】选项栏中选择【路径】按钮、【自由钢笔工具】按钮，并选中"磁性"选项，如图 5.8 所示。

图 5.8 【钢笔工具】选项栏

步骤 3：移动鼠标到编辑窗口，沿水果边缘创建路径，如图 5.9 所示。

步骤 4：继续沿水果边缘创建路径，并对路径进行编辑，使其包围整个水果，如图 5.10 所示。

图 5.9 创建路径

图 5.10 创建并编辑路径

步骤 5：选择菜单【窗口】→【路径】命令，打开【路径】面板，在【路径】面板中可以看到创建的新路径，如图 5.11 所示。

步骤 6：在【路径】面板中选中新建的路径，选择【路径】面板底部"将路径作为选区载入" 按钮，建立如图 5.12 所示的选区。

图 5.11　生成的工作路径　　　　　图 5.12　由路径生成选区

运用不同的方法构造好选区之后，就可以复制选中的部分到图 5.2 所示的图像文件中。

练习实践

打开配套素材文件 05/练习实践/樱桃.jpg 图像文件，如图 5.13 所示，运用不同的工具抠取图中的一串樱桃，并合并到图 5.2 所示的水果堆中。

图 5.13　樱桃

任务 2　色彩相近图像的抽取

任务描述

【色彩范围】命令的功能是选取一个指定范围的颜色信息，而本例中的图像天空的颜色比较相近，所以通过"色彩范围"命令为图像去除背景比较理想。抠除背景前后的对比效果如图 5.14 所示。

图 5.14　抠除背景前（左图）后（右图）效果图

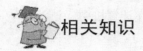 相关知识

5.2.1　色彩范围

Photoshop 中提供了一个专门选取范围的【色彩范围】命令，可以根据颜色创建复杂的选区。

打开配套素材文件 05/相关知识/菊花.jpg 图像文件，单击【选择】→【色彩范围】命令，会弹出【色彩范围】对话框，如图 5.15 所示。

图 5.15　素材图像及【色彩范围】对话框

该对话框中的各项参数作用如下。

◆ 选择：用于选择取样颜色。选择【取样颜色】选项时，将使用吸管 工具在图像编辑区中吸取颜色。

◆ 本地化颜色簇：如果正在图像中选择多个颜色范围，选择该项可以构建更加精确的选区。

◆ 颜色容差：可以通过拖动滑块或在文本框中输入数值来设置选取范围，取值范围为 0～200，数值越大，选择的颜色范围越大。

◆ 范围：如果已选定"本地化颜色簇"，则使用"范围"滑块以控制要包含在选取中的颜色与取样点的最大和最小距离。

◆ 【添加到取样工具】 ：用于添加颜色。可以在图像编辑区中单击来添加颜色。

◆ 【从取样中减去工具】 ☑：用于减少颜色。可以在图像编辑区中单击来减少颜色。

◆ 选择范围：选中该单选按钮后，在预览窗口中以灰度图显示选区效果。

◆ 图像：选中该单选按钮后，在预览窗口中将显示原图像状态。

◆ 选区预览：用于在图像编辑区中预览选区。其中：

   ◇ 无：不在图像编辑区中显示选区；

   ◇ 灰度：在图像编辑区中以灰度的方式显示未被选择的区域；

   ◇ 黑色杂边：在图像编辑区中用黑色来显示未被选择的区域；

   ◇ 白色杂边：在图像编辑区中用白色来显示未被选择的区域；

   ◇ 快速蒙版：使用当前的快速蒙版设置来显示选区。

◆ 载入(L)... 按钮：单击该按钮将重新使用存储在计算机中的设置。

◆ 存储(S)... 按钮：单击该按钮将当前设置以 AXT 格式存储在计算机中。

◆ 反相：可在选取范围与非选取范围之间互相切换。

图 5.16　用【色彩范围】命令创建选区

使用【色彩范围】命令创建选区的具体操作方法如下。

步骤 1：执行【选择】→【色彩范围】命令，打开【色彩范围】对话框。

步骤 2：在【选择】下拉列表框中选择【取样颜色】选项，然后使用【吸管工具】单击图像编辑区中的某一部分。

步骤 3：在【选区预览】下拉列表框中选择【灰度】选项。

步骤 4：若预览效果满意，单击【确定】按钮，即可完成对选区的创建，如图 5.16 所示。

任务实现

步骤 1：打开配套素材文件 05/案例/枝头鸟.jpg 图像文件，如图 5.14 左图所示。

步骤 2：复制"背景"图层为"背景副本"层。单击"背景"图层前面的 ◉ 图标，隐藏"背景"层。此时【图层】面板如图 5.17 所示。

步骤 3：执行【选择】→【色彩范围（C）…】命令，打开【色彩范围】对话框，选择 "吸管"工具 ☑，在图像的背景部分单击，此时在【色彩范围】对话框中被选择部分变成了白色，移动"颜色容差"滑杆进行选择，具体参数设置如图 5.18 所示。

步骤 4：单击【确定】按钮，得到选区，如图 5.19 所示。

步骤 5：按下【Delete】键，删除选区内容，按【Ctrl+D】组合键取消选区，如图 5.20 所示。

步骤 6：打开配套素材文件 05/案例/羊群.jpg 图像文件，复制背景图层到图像文件"枝头鸟.jpg"中，生成"羊群"图层，如图 5.21 所示，将"羊群"图层移动到"背景副本"图层下方，最终效果如图 5.22 所示。

图 5.17　【图层】面板

图 5.18　【色彩范围】对话框

图 5.19　用【色彩范围】命令创建选区

图 5.20　删除选中内容

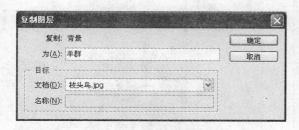

图 5.21　复制图层

图 5.22　最终效果

 练习实践

打开配套素材文件 05/练习实践/枝头鸟.jpg 图片，根据前面介绍的"色彩范围"命令的使用方法，请为下图更换背景，更换背景前后的效果如图 5.23 所示。

图 5.23　调整前（左图）后（右图）效果图

任务 3　复杂边缘图像抽取

　任务描述

　　本案例的思路是将图像的背景色调整为白色，利用图层混合模式中的"正片叠底"得到人物细微的发丝，再利用蒙版将人物主体以外的部分隐藏，达到为图像更换背景的效果，调整背景前后的效果如图 5.24 所示。

图 5.24　调整前（左图）后（右图）效果图

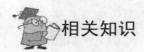 相关知识

5.3.1 快速蒙版

快速蒙版是 Photoshop 中的一个特殊模式，它是专门用来定义选区的。当处于快速蒙版模式时，所有的操作都与定义选区有关。其操作方式与绘画方式相同，是一种高效、易用的制作选区的方法。

快速蒙版是建立选区的一种直观方法，运用它可以制作一些特别精确，而且富有创意的艺术效果选区，并且这些选区是用一般选择工具无法创建的。

创建快速蒙版的方法如下。

在工具箱中单击【以快速蒙版模式编辑】◯按钮可直接进入快速蒙版编辑模式，也可双击该按钮，打开【快速蒙版选项】对话框，如图 5.25 所示。

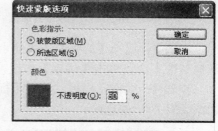

图 5.25 【快速蒙版选项】对话框

【快速蒙版选项】对话框中各参数具体说明如下。

◆ 被蒙版区域：表示在快速蒙版编辑模式中，颜色指示的区域对应的是选区，以图像原貌出现的区域没有对应选区。
◆ 所选区域：表示在快速蒙版编辑模式中，颜色指示的区域没有对应选区，以图像原貌出现的区域对应的是选区。
◆ 颜色：设定在快速蒙版编辑模式中出现的指示颜色。
◆ 不透明度：设定在快速蒙版编辑模式中指示颜色的不透明度，范围在0%～100%之间。

下面以一个小例子来讲解介绍快速蒙版的使用方法。

步骤 1：打开配套素材文件 05/相关知识/小兔子.jpg 图片文件，如图 5.26 所示。选择工具箱中的【椭圆选框工具】，在图像中创建如图 5.27 所示的选区。

图 5.26 素材文件　　　　　　图 5.27 创建选区

步骤 2：单击【以快速蒙版模式编辑】按钮，进入快速蒙版编辑模式，此时在【通道】面板下方就会自动生成一个名为【快速蒙版】通道用来保存快速蒙版的状态，如图 5.28 所示。图像的选区框暂时消失，图像的未选择区域变为红色，选中的区域没有发生变化，如图 5.29 所示。

图 5.28 【通道】面板

图 5.29 快速蒙版编辑模式

步骤 3：选择【滤镜】→【像素化】→【彩色半调】命令，设置最大半径为"15 像素"，其他参数不变，单击【确定】按钮，此时效果如图 5.30 所示。

步骤 4：编辑完毕后，单击【标准模式编辑】按钮◎切换为标准模式，此时就可以得到如图 5.31 所示的选区。

图 5.30 设置【彩色半调】效果

图 5.31 特殊效果的选区

图 5.32 最终效果

步骤 5：执行【选择】→【反向】命令，设置前景色为绿色，并填充，最终效果如图 5.32 所示。

任务实现

步骤 1：打开配套素材文件 05/实例/女孩.jpg 图像文件，如图 5.24 左图所示。

步骤 2：打开图片后，按【Ctrl+J】组合键两次，分别得到"图层 1"和"图层 1 副本"。

步骤 3：新建一图层，名为"图层 2"，设置前景色为"#a89bf8"，拖放到"图层 1"下方，作为检查效果和新的背景层。关闭"图层副本 1"前的 ◉ 图标，隐藏该图层。此时【图层】面板如图 5.33 所示。

步骤 4：执行【图像】→【调整】→【色阶】命令，打开【色阶】对话框，如图 5.34 所示。单击【在图像中取样以设置白场】 ✎ 按钮，在图像的灰色背景上取样，设置白场。单击【确定】按钮后的图像效果如图 5.35 所示。

…

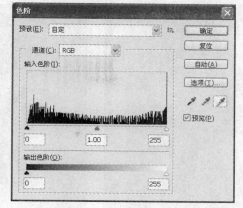

图 5.33 【图层】面板　　　　　图 5.34 【色阶】对话框

步骤 5： 将"图层 1"的模式改为"正片叠底"，得到人物的发丝，效果如图 5.36 所示。

步骤 6： 单击"图层 1 副本"前的 👁 图标，显示该图层。使用工具箱中的【磁性套索工具】在图像中创建如图 5.37 所示的选区。

图 5.35 设置白场　　　图 5.36 正片叠底效果　　　图 5.37 创建选区

步骤 7： 用【磁性套索工具】勾选出来的选区细节部分还需要进行修饰，单击工具箱底部的【以快速蒙版模式编辑】按钮，如图 5.38 所示，可以看出底部和右下部分衣服边缘区域没有完全选中。

步骤 8： 设置前景色为白色，选择【画笔工具】，在底部和右下部分衣服边缘区域进行涂抹，如图 5.39 所示，修饰完成后，单击工具箱底部的【以标准模式编辑】 ▣ 按钮，选区如图 5.40 所示。

步骤 9： 单击【图层】面板底部的【添加矢量蒙版】 ▣ 按钮，为该图层添加蒙版。最终效果如图 5.24 右图所示。

图 5.38　快速蒙版编辑模式　　　　图 5.39　创建选区　　　　图 5.40　以标准模式编辑的选区

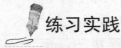

打开配套素材文件 05/练习实践/小女孩.jpg，根据前面介绍的图层混合模式在抠图过程中的应用为下图更换背景，更换背景前后的效果如图 5.41 所示。

图 5.41　调整前（左图）后（右图）效果图

任务 4　复杂背景图像抽取

任务描述

对于背景较复杂图像的抽取，常借助于通道来实现背景的抠除操作。本例利用【通道】

面板和【亮度/对比度】构造选区，换掉现有的背景，背景更换前后的效果如图 5.42 所示。

图 5.42　背景更换前（左图）后（右图）效果图

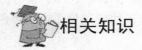 **相关知识**

通道的概念是由分色印刷的印版概念演变而来的，在 Photoshop 中通道是存储不同类型信息的灰度图像，其应用非常广泛，它是 Photoshop 不可缺少的图像处理利器，可用来保存图像的颜色信息，就如同图层用来保存图像一样；另外，通道还可以用来建立、编辑和保存选区。一个图像最多可以有 56 个，包括各种类型的通道。通道所需的文件大小由通道中的像素信息决定。某些文件格式（包括 tiff 和 Photoshop 格式）将压缩通道信息并且可以节约空间。下面的内容将对通道的相关知识及其运用方法进行详细的介绍。

5.4.1　通道的分类

Photoshop 中的通道通常可以分为三种：颜色信息通道、Alpha 通道、专色通道。

1. 颜色信息通道

颜色通道包括单颜色通道和复合通道，是在打开图像时自动创建的，其数目由图像的模式所决定。

当打开任意一幅图像时，Photoshop 会自动根据图像的颜色模式建立相应数目的单颜色通道，在这些单颜色通道中，分别存储了该图像不同的颜色分量信息；另外，对于有些模式的图像还会生成一个复合通道，在复合通道中并不包含任何信息，它只是所有单颜色通道整体效果的体现，通过单击该复合通道可以返回到通道的默认状态。

对于一个 RGB 模式的图像而言，每一个像素点的颜色都是由红、绿、蓝这三个颜色分量构成的，因此，打开之后就会有三个单颜色通道（名为红、绿、蓝）和一个复合通道（名为RGB），如图 5.43 所示。

CMYK 模式的图像有一个名为 CMYK 的复合通道和四个单颜色通道（名为青色、洋红、黄色、黑色）共 5 个通道，如图 5.44 所示。

Lab 模式的图像，有 Lab、明度、a、b 共 4 个通道，其中 Lab 为复合通道，如图 5.45 所示。灰度模式只有一个灰色通道；位图模式只有一个位图通道；索引模式只有一个索引通道；

多通道模式只有一个黑色通道；双色调模式也只有一个通道。

图 5.43　RGB 模式图像的通道　　图 5.44　CMYK 模式图像的通道　　图 5.45　Lab 模式图像的通道

　　下面以 RGB 模式为例来了解一下单颜色通道是如何存储颜色分量信息的。如图 5.46 所示，图中只有黑色，黑色在 RGB 模式中的表示方式为 RGB（0，0，0），红、绿、蓝分量值分别为 0、0、0，在对应的单颜色通道红、绿、蓝中均为黑色，即说明单颜色通道中黑色代表的颜色分量值为 0。

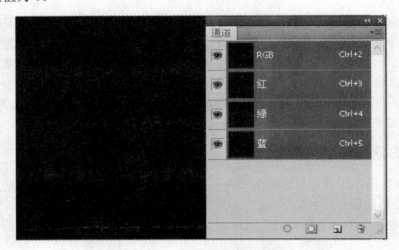

图 5.46　黑色对应的通道状态

　　分别在图 5.46 的红、绿、蓝通道中填充一个白色的圆形区域，如图 5.47 所示。

　　在图 5.47 中，红色区域对应的红、绿、蓝通道状态为白色、黑色、黑色，而红色在 RGB 模式中对应的红、绿、蓝分量值分别为 255、0、0，也就是说在通道中的白色区域对应的颜色分量值为 255，黑色区域对应的分量值为 0；另外，在通道中还允许出现灰色，不同级别的灰色也分别对应不同的分量值。

　　对于其他的图像模式，虽然颜色构成方式不同，但是颜色的构成信息同样是分别保存在不同的颜色通道中的，只不过颜色通道的数目和通道存储的信息不同而已。

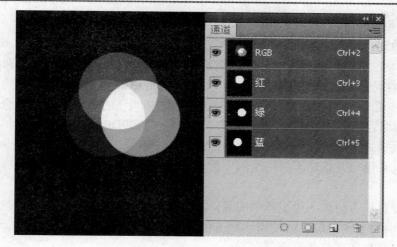

图 5.47　通道中白色区域

2．Alpha 通道

Alpha 通道将选区存储为灰度图像，可通过对灰度图像的编辑实现对选区的编辑。Alpha 通道可以随意增减，与图层的操作类似，但注意 Alpha 通道并不是用来保存图像的，它是用来保存选区的。

在 Alpha 通道中不同的灰度图像对应的是选中程度不同的选区，其中白色代表完全选中的选区，灰色代表不完全选中的选区，黑色代表没有选中的区域。

如图 5.48 所示，在名为【Alpha1】的 Alpha 通道中填充的是从中心到边界、从白色到黑色的径向渐变，该灰度图像对应一个选中程度渐变的选区，该选区从中心向外选中的程度由高到低，直至没有选中，它所选中图像的不透明度从中心到边界越来越低，呈现渐变透明效果，如图 5.49 所示。

图 5.48　Alpha 通道

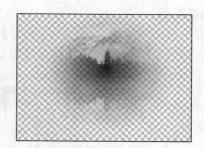

图 5.49　选中的图像

Alpha 通道中灰度图像可以运用各种绘图工具、滤镜、色彩调节等不同的方式进行编辑，以构造出不同的选区。运用绘图工具，如画笔、铅笔、图章、橡皮擦、渐变、油漆桶、模糊、锐化、涂抹、加深、减淡和海绵等，可以直接在通道中绘制灰度图像。运用滤镜可以构造特殊的效果和控制边界，还可以运用曲线、色阶等工具对通道中的灰度图像做进一步的加工。

当选定通道进行编辑时，在拾色器中选择的颜色都会变成灰色（黑、白色不会变化），运用白色可以增加选区，运用黑色可以减少选区，而灰色对应的区域则是半透明的区域，利用半透明的区域选择的图像也会是半透明的，而渐变的灰色选择的图像的不透明度也是渐变的，这一点在图像的合成中是非常重要的。在【通道】面板中还可以通过通道的相加、相减、相交来实现相应选区的进一步控制。

3．专色通道

指定用于专色油墨印刷的附加印版，主要用于印刷。它可以使用一种特殊的混合油墨替代或附加到图像颜色油墨中。在印刷时，每一个专色通道都有一个属于自己的印版。

如果要印刷带有专色的图像，则需要创建存储这些颜色的专色通道，该通道被单独打印输出。为了输出专色通道，图像文件应以 DCS2.0 格式或 PDF 格式存储。

在处理专色时，需要注意以下事项。

① 对于具有锐边并挖空下层图像的专色图形，需要考虑在页面排版或图形应用程序中创建附加图片。

② 要将专色作为色调应用于整个图像，需将图像转换为【双色调】模式，并在其中一个双色调印版上应用专色，最多可使用 4 种专色，每个印版一种。

③ 专色名称打印在分色片上。

④ 在完全复合的图像顶部压印专色，每种专色按照在【通道】面板中显示的顺序进行打印，最上面的通道作为最上面的专色进行打印。

⑤ 除非在多通道模式下，否则不能在【通道】面板中将专色移动到默认通道的上面。

⑥ 不能将专色应用到单个图层。

⑦ 在使用复合彩色打印机打印带有专色通道的图像时，将按照【密度】设置指示的不透明度打印专色。

⑧ 可以将颜色通道与专色通道合并，将专色分离成颜色通道的成分。

5.4.2 通道的基本操作

用户可以对通道进行各种操作，包括通道的建立、复制、删除、显示、隐藏、保存选区、载入选区、合并、分离、顺序排列等，下面来具体了解一下通道的这些基本操作。

1．通道面板

所有关于通道的操作都可以在【通道】面板中进行，用户可以在【通道】面板中编辑并管理通道，如图 5.50 所示。选择菜单【窗口】→【通道】命令可以控制【通道】面板的显示与隐藏。

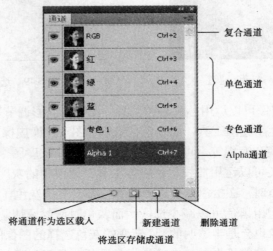

图 5.50 【通道】面板

从图 5.48 中可以看出,【通道】面板列出了所有的颜色信息通道、Alpha 通道和专色通道,最先列出复合通道(对于 RGB、CMYK 和 Lab 图像模式),其次是颜色通道,再次是专色通道或 Alpha 通道,专色通道和 Alpha 通道的顺序可以改变。当然,不同模式的图像通道会有所不同。

通道内容的缩略图显示在通道名称的左侧,在编辑通道时会自动更新缩略图。

【通道】面板底部各按钮的作用如下。

◆【将通道作为选区载入】 <!-- icon -->：从当前选中的通道中载入相应的选区。

◆【将选区存储成通道】 <!-- icon -->：当存在选区时,该按钮可用,将当前选区存储到一个新建的通道中,并为新建的通道指定名称。

◆【新建通道】 <!-- icon -->：新建一个 Alpha 通道,并自动指定通道名称。

◆【删除通道】 <!-- icon -->：删除选中的通道。

可以使用该面板来查看文档窗口中的任何通道组合,例如,可以同时选中 Alpha 通道和复合通道,观察 Alpha 通道中的更改与整幅图像是怎样的关系。

各个通道以灰度显示,在 RGB、CMYK 或 Lab 图像中,用户可以看到用原色显示的各个通道,在 Lab 图像中,只有 a 和 b 通道是用原色显示的。如果有多个通道处于选中状态,则这些通道始终用原色显示。可以更改默认设置,以便用原色显示各个颜色通道。

当通道的左侧有眼睛图标 <!-- icon --> 时,表示该通道在图像中是可见的。

除了在【通道】面板底部进行的基本操作外,还可以单击【通道】面板右上角的按钮 <!-- icon --> 打开【通道】面板菜单进行其他的操作,如图 5.51 所示。

在图中可以进行的操作更多,包括【新建通道】、【复制通道】、【删除通道】、【新建专色通道】、【合并专色通道】、【通道选项】、【分离通道】、【合并通道】、【面板选项】、【关闭】、【关闭选项卡组】等命令。其中【面板选项】是对面板本身的操作,是用来设置面板中缩略图的大小及是否出现缩略图,如图 5.52 所示。其他各命令都是对通道的操作,后面的内容将对此做具体的介绍。

图 5.51　【通道】面板菜单

图 5.52　【通道面板选项】对话框

2．将选区存储为通道

对于已经存在的选区,经常需要借助通道做进一步的编辑,这就必须将选区存储为通道,实现该操作的方法有两种。

① 通过【选择】→【存储选区】命令实现,具体的操作在前面章节中已做过介绍,在此不再重复。

② 进入【通道】面板,单击【通道】面板底部的 <!-- icon --> 按钮,此时将自动建立一个新的通道

用来保存当前选区。

下面以一个小实例来介绍选区的存储方法，在本例中将小鸭对应的选区保存到通道中，具体步骤如下。

步骤1： 打开素材文件夹 05/相关知识/小鸭子.jpg 图像文件。

步骤2： 运用魔棒工具选中图像的白色背景，执行【选择】→【反向】命令，选中小鸭，如图 5.53 所示。

步骤3： 进入【通道】面板，单击【通道】面板底部的 按钮，此时在【通道】面板底部生成一个名为 Alpha1 的通道，图 5.53 中的选区即被保存到了通道 Alpha1 中，如图 5.54 所示。

图 5.53　创建选区

图 5.54　将选区存储为通道

3．将通道作为选区载入

运用通道对现有的选区进行编辑或构造出新的选区后，需要从通道中将它所对应的选区调出来加以运用，实现该操作的方法有两种。

① 通过【选择】→【载入选区】命令实现，具体的操作在前面的内容中已做过介绍，在此不再重复。

② 进入【通道】面板，单击【通道】面板底部的 按钮，此时将从当前选中的通道中载入相应的选区。

下面以图 5.55 中所示的通道 Alpha1 为例，从该通道中载入选区的步骤如下。

步骤1： 进入【通道】面板，单击选中 Alpha1 通道，如图 5.55 所示。

步骤2： 单击【通道】面板底部的"将通道作为选区载入" 按钮，此时在图像中即可形成与通道 Alpha1 对应的选区，如图 5.56 所示。

图 5.55　选中 Alpha1 通道

图 5.56　载入选区

4．新建通道

新建通道的方法有很多，除了前面介绍的将选区存储成新通道的方法以外，还可以在【通道】面板中建立新的通道，具体方法有两种。

① 单击【通道】面板底部的【创建新通道】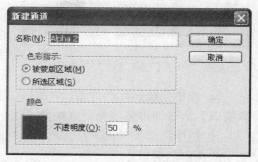按钮，即可按照默认参数新建一个 Alpha 通道，通道的名称按照 Alpha1、Alpha2、Alpha3、Alpha4、……的顺序自动命名。

② 在【通道】面板菜单中选择【新建通道】命令来实现，如图 5.57 所示。

在该对话框中具体设置如下。

图 5.57　【新建通道】对话框

◆ 名称：可输入通道的名称，Photoshop 提供默认名称。

◆ 色彩指示：默认选中"被蒙版区域"选项，表示在新建的通道中有颜色的区域为被遮盖的范围，没有颜色的区域为选取区域；若选中"所选区域"，则正好相反。

◆ 颜色：单击该框将出现"拾色器"对话框可以设置用于显示蒙版的颜色。

◆ 不透明度：该文本框中可输入 0～100 之间的数值，用来设置蒙版区域显示的不透明度。

5．复制通道

在通道的编辑过程中有可能需要备份通道，该操作可通过【通道】面板中的【复制通道】命令或直接单击鼠标右键来实现，其具体步骤如下。

步骤 1：选中需要复制的通道。

步骤 2：在【通道】面板菜单中选择【复制通道】命令，或单击鼠标右键，打开如图 5.58 所示的对话框。

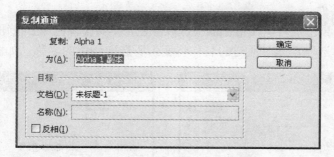

图 5.58　【复制通道】对话框

步骤 3：在图 5.58 中进行相应设置，单击【确定】按钮即可。

其具体设置说明如下。

◆ 为：该文本框中可输入复制得到的新通道的名称。

◆ 目标：该选项组用来设置复制通道的目标文档及复制之后是否反相。其中"文档"文本框用来选择目标文档，包括当前文档和新建文档，当选择"新建"时，【名称】文本框可用来输入目标文档的名称，而选中【反相】复选框则表示在复制形成的通道中将蒙版区域和选择区域反转。

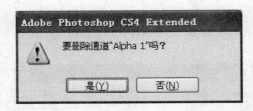

图 5.59　【删除通道】对话框

6. 删除通道

对于已经没有用的通道可以删除，删除通道的操作比较简单，具体方法有如下三种。

① 选中需要删除的通道，单击【通道】面板底部的按钮，此时将会出现如图 5.59 所示的对话框，选择【是】按钮即可删除选中的通道，而选择【否】按钮则取消删除。

② 选中需要删除的通道，单击【通道】面板右上角的按钮弹出菜单，在菜单中选择【删除通道】命令即可删除当前选中的通道。

③ 选中需要删除的通道，单击鼠标右键，在弹出的菜单中选择【删除通道】命令也可删除当前选中的通道。

7. 建立专色通道

如果需要印刷带有专色的图像，则需要创建存储这些颜色的专色通道。在 Photoshop 中可以创建新的专色通道或将现有 Alpha 通道转换为专色通道。

在 Photoshop 中要建立专色通道，需要先在图像窗口中选中需要填充专色的区域。在【通道】面板中创建新的专色通道有两种方法。

① 按住【Ctrl】键，单击【通道】面板底部的新建按钮。

② 单击面板右上角的按钮弹出面板菜单，在菜单中选择【新建专色通道】命令。

通过以上两种方法建立专色通道时，都会弹出如图 5.60 所示的对话框。

具体说明如下：

◆ 名称：输入专色通道的名称。如果选取自定颜色，通道将自动采用该颜色的名称。专色通道必须命名，以便其他应用程序在读取该文件时能够识别它们，否则可能无法打印此文件。

◆ 颜色：单击颜色框可以在拾色器中选取颜色，单击【颜色库】按钮可以从自定义颜色系统中进行选取，此时通道的名称将变为所选取颜色的名称，如图 5.61 所示。

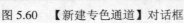

图 5.60　【新建专色通道】对话框

图 5.61　选取自定义颜色

◆ 密度：该文本框中可以输入 0%～100% 之间的数值。该选项主要用于在屏幕上模拟印刷后专色的密度。值 100% 模拟完全覆盖下层油墨的油墨（如金属质感油墨）；0% 模拟完全显示下层油墨的透明油墨（如透明光油）。也可以用该选项查看其他透明专色（如光油）的显示位置。

另外，还可以将 Alpha 通道转换成专色通道，方法也有两种。

① 用鼠标双击需要转换的 Alpha 通道，弹出如图 5.62 所示的对话框。

② 选中需要转换的 Alpha 通道，单击面板右上角的面板菜单，在菜单中选择【面板选项】命令，出现如图 5.62 所示的对话框。

具体说明如下：

◆ 名称：在"名称"框中输入专色通道的名称。

◆ 色彩指示：在"色彩指示"选项组中选择"专色"单选项。

◆ 颜色：单击"颜色"框可以选取颜色。

◆ 密度：在"密度"框中可以设置密度百分比值。

8. 合并专色通道

专色通道创建完成后，还可以继续进行编辑，比如改变专色通道中的颜色和密度、合并专色通道等。

合并专色通道可以拼合分层图像。合并的复合图像反映了预览专色信息，包括密度设置。例如，密度为 50%的专色通道与密度为 100%的同一通道相比，可生成不同的合并结果。

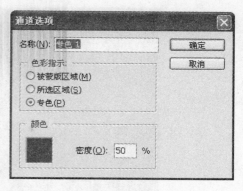

图 5.62　【通道选项】对话框

此外，专色通道合并的结果通常不会重现与原专色通道相同的颜色，因为 CMYK 油墨无法呈现专色油墨的色彩范围。

合并专色通道的具体方法是，先在【通道】面板中选择专色通道，然后从面板的弹出菜单中选取【合并专色通道】命令即可，专色被转换为颜色通道并与颜色通道合并，并从【通道】面板中将被合并的专色通道删除。

打开配套素材文件 05/相关知识/小狗.jpg，如图 5.63 左图所示。新建专色通道，选中该专色通道，并填充深灰色，如图 5.63 右图所示，是图像的专色通道未合并前的【通道】面板状态；图 5.64 是专色通道被合并后图像的效果和【通道】面板的状态。

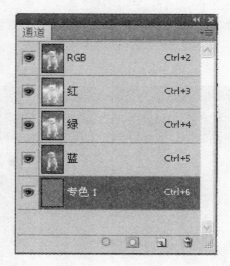

图 5.63　合并专色通道前的状态

图 5.64　合并专色通道后的状态

9．分离通道

当需要在不能保留通道的文件格式中保留单个通道信息时，分离通道的操作就非常有用。

分离通道的操作可以将存储图像颜色信息的通道分离成为单独的图像，比如，一幅 RGB 模式的图像，其颜色信息分别存储在红、绿、蓝这三个颜色通道中，执行分离通道的操作后，就可以将该 RGB 模式的图像依据这三个通道分离成三个单独的灰度图像，原文件被关闭，单个通道出现在单独的灰度图像窗口。

新的灰度图像的窗口中的标题栏显示原文件名，以及通道的缩写，如图 5.65 所示，名为【小狗.jpg】的一幅 RGB 模式的图像被分离后生成三幅图像，分别名为【小狗.jpg_R】、【小狗.jpg_G】、【小狗.jpg_B】。新图像中会保留上一次存储后的任何更改，而原图像则不保留这些更改。

图 5.65　分离后的灰度图像（左：R，中：G，右：B）

10．合并通道

跟分离通道相反，合并通道可以将多个灰度图像合并成一个图像，要合并的图像必须满足三个条件：

① 都必须是灰度模式；

② 具有相同的像素尺寸；

③ 都处于打开状态。

已打开的灰度图像的数量决定了合并通道时可用的颜色模式。例如，如果打开了三个图像，可以将它们合并为一个 RGB 图像；如果打开了四个图像，则可以将它们合并为一个 CMYK 图像；不能将打开的三个图像合并成 CMYK 图像。

某些灰度扫描仪可以通过红色滤镜、绿色滤镜和蓝色滤镜扫描彩色图像，从而生成红色、绿色和蓝色的图像，而合并通道功能可以将单独的扫描合成一个彩色图像。

合并通道的具体操作步骤如下。

步骤 1： 打开包含要合并的通道的多个灰度图像，并使其中一个图像成为当前图像。

步骤 2： 从【通道】面板菜单中选取【合并通道】选项，弹出如图 5.66 所示的对话框。在【模式】下拉列表框中选取要创建的颜色模式，如果某图像模式不可用，则该模式将在下拉列表框中变暗显示，选取好模式后，适合该模式的通道数量自动出现在【通道】文本框中。

步骤 3： 在步骤 2 中设置完毕之后单击【确定】按钮，将出现如图 5.67 所示的对话框，在这里为每一个通道指定对应的文件，还可以单击【模式】按钮返回上一步重新选择模式，设置完毕之后，单击【确定】按钮即可完成通道的合并操作，此时，原先打开的多个灰度图像都自动关闭，新图像出现在未命名的窗口中。

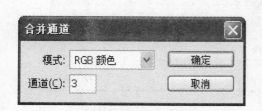

图 5.66　【合并通道】对话框

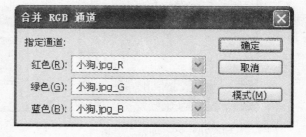

图 5.67　指定通道对话框

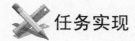

任务实现

步骤 1： 打开配套素材文件 05/案例/树.jpg，如图 5.42 左图所示。

步骤 2： 单击"背景"图层，按【Ctrl+J】组合键复制当前图层，生成图层"背景副本"。

步骤 3： 打开【通道】面板，如图 5.68 所示。查看三个单色通道，比较色彩反差大小，经比较，"蓝"通道色彩反差最大，复制"蓝"通道，生成"蓝副本"通道，此时【通道】面板如图 5.69 所示。

步骤 4： 选中通道"蓝副本"，如图 5.70 所示。选择菜单【图像】→【调整】→【亮度/对比度】命令，如图 5.71 所示，设置亮度为"30"、对比度为"100"。

步骤 5： 单击【确定】按钮，此时通道"蓝副本"如图 5.72 所示。选中通道"蓝副本"，单击【通道】面板底部的【将通道作为选区载入】按钮，载入该通道所对应的选区，如图 5.73 所示。

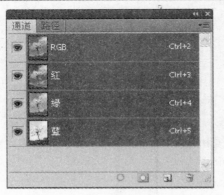

图 5.68　【通道】面板

图 5.69　复制"蓝"通道

图 5.70　"蓝副本"通道

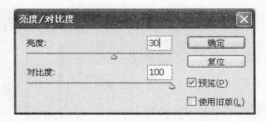

图 5.71　【亮度/对比度】对话框

图 5.72　编辑后的"蓝副本"通道

图 5.73　载入"蓝副本"通道选区

步骤 6：回到【图层】面板，隐藏"背景"图层，选中"背景副本"图层，删除选中的部分，如图 5.74 所示。按【Ctrl+D】组合键取消选区。

　　步骤 7：打开配套素材文件 05/案例/天空.jpg 图像文件，如图 5.75 所示。复制当前"背景"图层到图像文件"树.jpg"中，生成图层"天空"，拖动"天空"图层到图层"背景副本"下方。

　　步骤 8：对"天空"图层进行自由变化，适当拉高云彩的位置，最终效果如图 5.42 右图所示。

图 5.74　删除背景后

图 5.75　天空

练习实践

　　打开配套素材文件 05/练习实践/树.jpg 图片，如图 5.76 所示，试将图中的天空背景换成如图 5.77 所示的效果。

图 5.76　树

图 5.77　换背景后的效果

任务 5　运用滤镜抽取图像

任务描述

本实例通过【抽出滤镜】命令抽出半透明的婚纱，配合【图层\蒙版】命令去除图像的背景，调整前后的效果对比如图 5.78 所示。

图 5.78　调整前（左图）后（右图）的效果图

相关知识

比较适用于抠图的滤镜主要有【抽出】滤镜、【Mask Pro】外挂滤镜和【KnockOut】外挂滤镜等。

5.5.1　【抽出】滤镜

　　【抽出】滤镜可以轻松地将一个具有复杂边缘的图像从它的背景中分离出来。【抽出】滤镜常用于精确选取人的头发、动物的毛发及其他具有纤细边缘的图像。

　　【抽出】滤镜是 Photoshop 中一款比较好用的抠图工具，但是在较新的 Photoshop CS4 版本中则取消了这个工具。用户可以从早期版本的安装目录中复制相关文件安装到 Photoshop CS4 中，例如，可以从 Photoshop CS3 的安装文件夹"增效工具\滤镜下的 ExtractPlus.8BF"到 Photoshop CS4 的安装文件夹"Plug-ins\Filters"下，并重新打开 Photoshop CS4 即可使用。

　　【抽出】滤镜可以轻松地将一个具有复杂边缘的图像从它的背景中分离出来，抽出的图像将出现在透明的图层中，而图像的背景将被删除。

　　选择菜单【滤镜】→【抽出】，弹出【抽出】滤镜对话框；如图 5.79 所示。

图 5.79 【抽出】滤镜对话框

该对话框的左边是工具箱，由上到下各个工具的功能如下。

◆【边缘高光器工具】 ✐：用于标示出需要选择的区域。

◆【填充工具】 ◔：用于填充选择的区域。

◆【橡皮擦工具】 ◿：用于擦除高亮显示的区域。

◆【吸管工具】 ✐：用于拾取用户需要在图像中保留的颜色。

◆【清除工具】 ◿：用于使蒙版变为透明。

◆【边缘修饰工具】 ◿：用于修饰图像的边缘。

◆【缩放工具】 🔍：用于对图像进行放大和缩小。

◆【抓手工具】 ✋：用于移动图像，使图像中需要的部分显示出来。

对话框的中间是预览图，右面是参数设置区，各参数的作用如下。

◆ 画笔大小：用于设定所选工具的笔触大小。

◆ 高光：用于选择边缘高光器工具绘制时的画笔颜色。

◆ 填充：用于设定填充的颜色。

◆ 智能高光显示：用于提高抽出对象的效率，能够自动捕捉对比最鲜明的边缘。

◆ 平滑：用于调整抽出后图像的平滑度。

◆ 通道：如果图像存在通道，在此选择通道的名称。

◆ 强制前景：此选项可以设置前景色。

以上介绍了【抽出】滤镜的基本工具和基本参数的用法，目前利用【抽出】滤镜对图片进行换背景的操作有单色抠取和全色抠取两种。下面通过实例来分别加以说明。

1．单色抠取的详细步骤

步骤 1：打开配套素材文件 05/相关知识/窗花.jpg 图像文件，如图 5.80 所示。

步骤 2：复制"背景"图层，得到"背景副本"图层。

步骤 3：单击"背景副本"图层，执行【滤镜】→【抽出】命令，在"强制前景"处打勾，颜色设置为图 5.81 光标所在处的颜色。用【边缘高光器工具】 ✐ 按图 5.82 所示进行涂抹。

图 5.80　原图效果

图 5.81　强制前景色

图 5.82　设置抽出范围

步骤 4：单击【确定】按钮，可看到抽出后的效果如图 5.83 所示。

图 5.83　抽出效果

2．全色抠取的详细步骤

步骤 1：打开配套素材文件 05/相关知识/狗狗.jpg，如图 5.84 所示。

图 5.84　原始效果（左图）与最终效果（右图）

步骤 2：执行【滤镜】→【抽出】命令，弹出【抽出】滤镜对话框，如图 5.85 所示。

图 5.85　【抽出】滤镜对话框

　　步骤 3：设置相关参数，利用【边缘高光器工具】　，沿图像的轮廓勾画一个闭合的边缘高光线,如图 5.86 所示。

　　步骤 4：使用【填充工具】　在画笔勾画出的封闭线条中单击以填充实色，从而定义出需要抽出的图像区域，如图 5.87 所示。

图 5.86　勾画图像的边缘　　　　　　　　　图 5.87　填充保留区域

219

步骤 5：单击【预览】按钮查看抽出的效果，如图 5.88 所示。

图 5.88　预览抽出效果

步骤 6：单击【确定】按钮，完成抽出。最终效果如图 5.84 右图所示。

由此可见，单色抠取与全色抠取两者的区别在于前者要勾选"强制前景"选项，并设置要抠取的颜色，而后者则不需要。

需要注意的是，使用【抽出】滤镜后会直接删除图片上被抠取部分以外的像素，为了安全起见，最好在使用【抽出】滤镜前复制图层。

5.5.2　【Mask Pro】外挂滤镜

Mask Pro 是 Photoshop 的外挂滤镜，是目前最专业的抠图工具之一，能帮助用户制作出精准的蒙版以去除背景图像。

安装好 MaskPro V4.1.1 版本滤镜后，选择菜单【滤镜】→【onOne】→【Mask Pro4.1】命令即可启动【Mask Pro】滤镜操作界面，如图 5.89 所示。该操作界面可以分为【菜单栏】、【工具栏】、【工具选项】面板、【保留】面板、【丢弃】面板和工作区几部分。

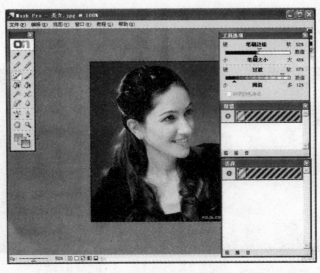

图 5.89　【Mask Pro】滤镜操作界面

菜单栏中所包括的命令为一些常见的命令，如保存、还原、查看和编辑等。在软件界面的左侧为 Mask Pro 的工具栏，共包括 16 个工具，由上到下从左到右分别为【保留颜色吸管工具】、【丢弃颜色吸管工具】、【保留高亮工具】、【丢弃高亮工具】、【魔术笔刷工具】、【笔刷工具】、【魔术填充工具】、【油漆桶填充工具】、【魔术棒工具】、【喷枪工具】、【雕琢工具】、【模糊工具】、【魔术钢笔工具】、【钢笔工具】、【手抓工具】和【缩放工具】。

Mask Pro 抠图的一个重要概念就是保留色和丢弃色，通过设定的保留颜色和丢弃颜色，软件会自动抠取对象。【保留颜色吸管工具】和【丢弃颜色吸管工具】就是用来吸取图片中的不同颜色来确定要保留或丢弃的颜色，当使用它们在图片上单击吸取颜色以后，会在相应的保留颜色面板或丢弃颜色面板中显示该颜色。选择【魔术棒工具】双击，或单击菜单【编辑】→【作用于全部】即可，选择菜单【文件】→【保存/应用】命令返回 Photoshop 界面。

使用【保留高亮工具】和【丢弃高亮工具】可以分别在图像中绘制要保留或要丢弃的颜色区域。当选中工具以后，可在【工具选项】面板中显示设置笔刷大小的选项，沿着需要保留或丢弃的区域绘制边界，按住【Ctrl】键单击边界内进行填充，选择【魔术棒工具】双击，或单击菜单【编辑】→【作用于全部】即可，选择菜单【文件】→【保存/应用】命令返回 Photoshop 界面。

5.5.3 【KnockOut】外挂滤镜

【KnockOut】外挂滤镜是 Corel 公司出品的经典抠图工具，不仅能够满足常见的抠图需要，而且还可以对烟雾、阴影和凌乱的毛发进行精细抠图，就算是透明的物体也可以轻松抠出。即便是 Photoshop 新手，也能够轻松抠出复杂的图形，而且轮廓自然、准确，完全可以满足用户需要。

在安装完 KnockOut 以后，启动 Photoshop，打开需要处理的照片，然后将照片在图层面板中复制为一个副本层。保持在副本层中的操作状态，选择菜单命令【滤镜】→【KnockOut 2】→【载入工作图层】菜单命令就可以打开 KnockOut 了，它的界面如图 5.90 所示。

图 5.90　【KnockOut】滤镜操作界面

【KnockOut】滤镜的操作界面分为【菜单】、【工具栏】和【选区线显示状态】面板几部分。

1. 菜单栏

菜单栏中包括【文件】、【编辑】、【查看】、【选择区域】、【窗口】和【帮助】几部分，如图 5.91 所示。其中【文件】菜单中包括【保存方案】、【保存映像遮罩】、【保存阴影遮罩】、【还原】和【应用】等命令。【编辑】菜单包括【撤消】、【恢复】、【处理】和【参数选择】等命令。其中【处理】命令是用来处理图像和显示去除背景后的图像；【参数选择】对话框中可以设置描绘磁盘、恢复键、撤销级别和影像缓存等内容。

文件(F)　编辑(E)　查看(V)　选择区域(S)　窗口(W)　帮助(H)

图 5.91　菜单栏

2. 工具栏

工具栏位于界面的左侧，包括用于抠图的所有工具。在工具栏的上部有 10 个工具按钮，如图 5.92 所示，从上到下介绍如下。

【内部对象工具】：可以绘制对象的内部选区线。

【外部对象工具】：可以绘制对象外部选区线。

【内部阴影对象工具】：可以绘制阴影的内部选区线。

【外部阴影对象工具】：可以绘制阴影的外部选区线。

【内部注射器工具】：可以对对象内部或外部补色。

【边缘羽化工具】：可以修复一些对象或阴影边缘的缺陷。

【润色笔刷工具】：可以恢复前景图像。

【润色橡皮工具】：可以擦去背景图像。

【手形工具】：可以移动画布中图像的位置。

【放大镜工具】：可以缩放显示图像。

3.【选区线显示状态】面板

在界面的右侧为选区线显示状态面板，使用它可以控制是否在画布中显示相应的选区线，如图 5.93 所示。

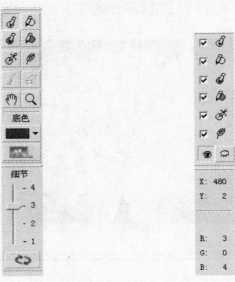

图 5.92　工具栏　　　　　图 5.93　【选区线显示状态】面板

由上到下分别为控制内部选区线、外部选区线、内部阴影、外部阴影、内部注射器和边缘羽化的显示状态。选中某个选项以后，就会在画布中显示该选项的选区线。单击下方的睁眼按钮，全部显示选区线；单击闭眼按钮，则关闭所有选区线的显示。在此面板的下方还可以显示当前鼠标指针的坐标和 RGB 颜色值。

任务实现

　　步骤 1： 在 Photoshop 中打开配套素材文件 05/实例/婚纱.jpg，如图 5.78 左图所示。

　　步骤 2： 复制"背景"图层两次，分别得到"背景副本"和"背景副本 2"图层。其中"背景副本"图层通过抽出命令得到半透明婚纱，"背景副本 2"图层用来保留人物不透明的部分。

　　步骤 3： 选中"背景副本"图层，执行【滤镜】→【抽出(X)】命令，打开图 5.94 所示的对话框。

图 5.94　【抽出】滤镜对话框

　　步骤 4： 勾选对话框右侧的"强制前景"复选框，单击左侧的【吸管工具】，在图 5.95 中鼠标所在的位置单击，设置抽出颜色为"白色"。

　　步骤 5： 单击【边缘高光器工具】，在"工具选项"栏调整画笔大小为 50。然后在要抠出的人像上涂抹，注意婚纱要全部涂抹到。涂抹效果如图 5.96 所示。

　　步骤 6： 单击【预览】按钮，预览效果，如图 5.97 所示。单击【确定】按钮，透明婚纱部分已经抠出来了。

　　步骤 7： 单击"背景副本 2"图层，选择工具箱中的【磁性套索】工具，沿着人物的主体轮廓勾勒，创建人物的主体选区，效果如图 5.98 所示。

　　步骤 8： 单击【图层】面板下方的【添加图层蒙版】按钮，将选区以外的其他部分隐藏，此时图像效果如图 5.99 所示。

　　步骤 9： 为人物添加新背景。打开一幅素材文件，将其拖动到"背景副本"图层的下方，最终效果如图 5.78 右图所示。

图 5.95　吸管工具吸取颜色　　图 5.96　用边缘高光器工具涂抹人像　　图 5.97　预览抽出效果

图 5.98　创建人物主体选区　　　　图 5.99　添加蒙版后的效果

练习实践

　　打开配套素材文件 05/练习实践/婚纱.jpg 图片，根据本单元学习的知识运用【抽出】滤镜将图像中的透明婚纱抽取出来，并为图像更换背景，调整前后的效果如图 5.100 所示。

图 5.100　调整前（左图）后（右图）效果图

学习情境六　图像自动处理

教学目标

1. 掌握动作的各种基本操作；
2. 掌握自定义动作的方法；
3. 熟悉各种批量处理命令的运用；
4. 熟悉图片批量处理的方法和技巧。

在图片的设计或处理过程中，经常会出现各种重复的操作，比如重复移动、旋转相同角度、批量修改大小、批量设置文件格式、批量加水印、批量加像框、批量裁剪等，如果每一步操作都重复执行则效率太低，而借助 Photoshop 所提供的动作和批处理功能可以实现自动化处理，大大减少工作量。

任务 1　折扇制作

本例中主要通过运用自定义动作快速设计出如图 6.1 所示的简易折扇效果，通过本例可以了解如何自定义动作，并将自定义的动作应用到图像的设计过程中。

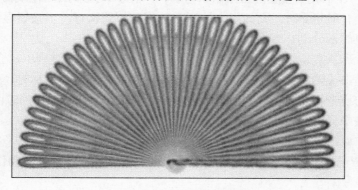

图 6.1　折扇效果图

6.1.1　动作的基本概念

动作是 Photoshop 所提供的一项能够自动完成多个命令的功能，它可以将一系列的命令组合为单个的动作来自动执行，从而简化任务，提高工作效率。

Photoshop CS4 中预置了很多动作，分别存放在【默认动作】、【命令】、【画框】、【图像效果】、【制作】、【文字效果】、【纹理】、【视频动作】等不同的动作组中，用户可以根据需要直接选用；另外，Photoshop 还允许用户自行定义动作，将需要重复执行的编辑操作录制成为一个动作，然后进行反复使用。

6.1.2 【动作】面板

使用【动作】面板可以完成动作组、动作的所有操作，包括新建、编辑、删除动作组，以及录制、播放、编辑和删除动作等。

如果在 Photoshop 界面中没有显示【动作】面板，可选择【窗口】→【动作】命令或者按下【Alt+F9】组合键即可显示【动作】面板，如图 6.2 所示。

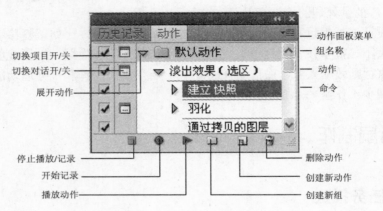

图 6.2 【动作】面板

◆ 切换项目开/关✔：当按钮图标显示为✔时，表示该组中的动作或命令可以正常执行；当按钮没有显示✔时，则该组中的所有动作都不能执行；当按钮显示的✔为红色时，则该组中的部分动作或命令不能执行。

◆ 切换对话开/关▢：当按钮显示▢图标时，在执行动作的过程中，会在弹出对话框时暂停，单击【确定】按钮后才能继续；当按钮没有显示▢图标时，Photoshop 就会按动作中的设定逐一执行下去，直到动作执行完成；当按钮显示的▢图标为红色时，表示文件夹中只有部分动作或命令设置了暂停操作。

◆ 展开动作▽：单击此按钮可以展开文件夹中的所有动作。

◆ 停止播放/记录■：可停止当前的录制操作，此按钮只有在录制动作按钮被按下时才可以使用。

◆ 开始记录●：开始录制动作，当处于录制过程中时，该按钮为红色。

◆ 播放选定的动作▶：可执行当前选定的动作。

◆ 创建新组▢：建立一个新的动作组，用来存放一些新的动作。

◆ 创建新动作▯：建立一个新的动作，新建的动作将出现在当前选定的动作组中。

◆ 删除▨：将当前选定的命令、动作、动作组删除。

◆ 【动作】面板菜单▨：可以打开【动作】面板菜单，执行面板菜单中的命令。

◆ 组名称：显示当前动作组的名称。动作组是一个动作的集合，它包含了很多个动作，【动作】面板中显示的是【默认动作】组。

◆ 动作：显示当前动作的名称。

◆ 命令：显示当前命令的名称。

6.1.3 【动作】面板菜单

单击【动作】面板菜单中右上角的███按钮，弹出【动作】面板菜单，如图 6.3 所示。在该菜单中可以实现很多操作，其中包括【按钮模式】、【新建动作】、【新建组】、【复制】、【删除】、【播放】、【开始记录】、【再次记录】、【插入菜单项目】、【插入停止】、【插入路径】、【动作选项】、【回放选项】、【清除全部动作】、【复位动作】、【载入动作】、【替换动作】、【存储动作】，以及 Photoshop 预设的动作组【命令】、【画框】、【图像效果】、【制作】、【文字效果】、【纹理】、【视频动作】，还有【关闭】、【关闭选项卡组】。

其中一些选项的功能介绍如下。

◆ 按钮模式：切换【动作】面板到按钮模式。

◆ 新建动作：新建一个动作。

◆ 新建组：新建一个动作组。

◆ 复制：复制当前选中的命令、动作或动作组。

◆ 删除：删除当前选中的命令、动作或动作组。

◆ 播放：播放当前选中的动作或从当前选中的命令开始执行动作。

◆ 开始记录：开始录制动作。

◆ 再次记录：可重新录制某命令。

◆ 插入菜单项目：在动作中插入菜单命令。

◆ 插入停止：在动作中插入停止命令，以暂停动作的执行。

◆ 插入路径：在动作中插入路径。

◆ 命令：载入【命令】动作组中的动作到【动作】面板中。

◆ 画框：载入【画框】动作组中的动作到【动作】面板中。

◆ 图像效果：载入【图像效果】动作组中的动作到【动作】面板中。

◆ 制作：载入【制作】动作组中的动作到【动作】面板中。

◆ 文字效果：载入【文字效果】动作组中的动作到【动作】面板中。

◆ 纹理：载入【纹理】动作组中的动作到【动作】面板中。

◆ 视频动作：载入【视频动作】动作组中的动作到【动作】面板中。

◆ 关闭：关闭【动作】面板。

◆ 关闭选项卡：关闭【动作】面板所在的选项卡。

图 6.3　【动作】面板菜单

6.1.4 按钮模式

在【动作】面板菜单中单击【按钮模式】按钮后，【动作】面板中的各个动作将以按钮模式显示，如图 6.4 所示。此时，面板显示以动作名称为主的按钮，使用按钮模式的显示方式主要是为了更快捷、更方便地执行动作的功能。在这种模式下，只需单击一下要使用的动作按钮就可以执行该动作。

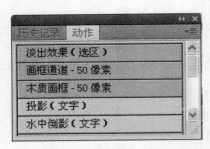

图 6.4 【动作】面板的按钮模式

需要注意的是，在此模式下，不能进行录制、删除和修改动作等操作。

6.1.5 创建动作组和动作

1. 创建动作组

单击【动作】面板底部的【新建组】按钮或选择【动作】面板菜单中的【新建组】命令，将弹出【新建组】对话框，如图 6.5 所示。在【名称】框中可以设定新组的名称，单击【确定】按钮后，【动作】面板中就会出现新建的动作组。建立该组后便可以和 Photoshop 自带的动作相区分。若要更改新组的名称，双击该组名称即可修改。

图 6.5 【新建组】对话框

2. 创建动作

单击【动作】面板底部的【创建新动作】按钮或执行【动作】面板菜单中的【新建动作】命令，弹出如图 6.6 所示的对话框。

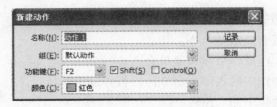

图 6.6 【新建动作】对话框

【新建动作】对话框中的各项参数功能如下。

◆ 名称：用于设置新动作的名称。

◆ 组：显示【动作】控制面板中的所有文件夹，打开下拉工具列表即可进行选择。如果在打开对话框时，已经选定了组，那么打开对话框后，在【序列】列表框中将自动显示已选定的组。

◆ 功能键：用于设定新建动作并使其执行的快捷键。有 F2～F12 共 11 种快捷键，当选择了其中的一项后，其右边的【Shift】与【Control】复选框将会被置亮，这样三者相互组合便可以产生 44 种快捷键。通常，用户不需要打开列表框来选择，而只需在键盘上按下用户设定的快捷键，对话框中就会出现相应的选择结果。

◆ 颜色：用于选择动作的颜色，该颜色会在【按钮模式】的动作面板中显示出来。

参数设置完成后，单击【记录】按钮，即可进入命令录制状态。进入录制状态后，录制动作按钮呈按下状态，且以红色显示，如图 6.7 所示为进入录制状态。

接下来把需要录制的动作，按顺序逐一操作一遍，Photoshop 就会将这一过程录制下来。比如，要录制一个修改图像版面的动作，则只需将录制前事先打开（在录制前，需事先打开欲制作的图像；否则，Photoshop 就会将【打开】这一步操作也录制在动作之中）的需改动的图像执行相关的命令，而这一过程就会被录制下来成为一个动作。

　　录制完毕，单击【停止播放/记录】按钮停止录制，一个动作的录制就完成了。如图 6.8 所示为录制完成的状态。

图 6.7　录制状态

图 6.8　录制完成状态

　　【动作】面板可以记录大多数的操作命令，如渐变、选框、剪裁、套索、直线、移动、魔术棒、文字工具、色彩填充，以及路径、通道、图层、历史面板等均可被录制成为动作。但是并非所有的操作命令都能被录制成为动作的，也有少数特殊的命令不能被录制，例如，绘画和色调工具、视图命令、工具选项，以及预置等都不能被录制。

6.1.6　播放动作

　　播放动作时，系统将按照录制的顺序逐一执行命令，其执行方法有以下几种。

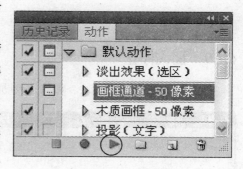

图 6.9　执行动作

　　◆　选中要执行的动作，单击【动作】面板上的【播放选定的动作】按钮，如图 6.9 所示；或者选择【动作】面板菜单中的【播放】命令即可。

　　◆　若此动作设置了组合键，可直接使用设置的组合键来快速执行该动作。例如图 6.6 中所创建的"动作 1"，只需按下【Shift+F2】组合键即可。

　　在按钮模式下，只需用鼠标单击动作按钮即可，如图 6.4 所示。

6.1.7　编辑动作

　　动作的编辑包括复制动作、移动动作、删除动作等操作，具体方法如下。

　　复制动作有两种操作方法，可以直接拖动一个动作到【创建新动作】按钮上；也可以在选中动作后，单击【动作】面板菜单中的【复制】命令。

　　移动动作比较简单，只需选中需要移动的动作，拖动至适当位置释放即可。

　　删除动作与复制动作类似，也有两种方法，可以直接拖动一个动作到【删除动作】按钮上即可；也可以在选中动作后，单击【动作】面板菜单中的【删除】命令，此时会弹出如图 6.10 所示的提示框，单击【确定】按钮确认删除。

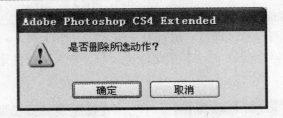

图 6.10　删除动作

6.1.8　插入菜单项目

对于在操作过程中没有被录制下来的命令，如绘画和色调工具、视图命令、工具选项及预置等，用户可以在录制的过程中或者在录制动作完成后，将其插入【动作】面板中。

执行【动作】面板菜单中的【插入菜单项目】命令，就可以在选中的动作中插入想要执行的菜单命令。执行该命令后会弹出一个如图 6.11 所示的【插入菜单项目】对话框。用鼠标在菜单中单击来指定菜单命令，被指定的菜单命令将出现在"菜单项"的后面，设定后单击【确定】按钮即可将菜单命令插入到动作中去。

图 6.11　【插入菜单项目】对话框

6.1.9　插入停止

当用户在执行动作时，如果希望加入一些动作无法记录的操作步骤或者希望查看当前的工作进度时，则需要选取【插入停止】命令。选取要插入停止的位置，单击【动作】面板菜单中的【插入停止】命令即可在动作中插入一个暂停设置。在记录动作时，用喷枪、画笔等操作不能被记录下来，如果插入暂停命令后，就可以在执行动作时停留在这一步操作上，以便进行部分手动操作，待这些操作完成后再继续执行动作命令。

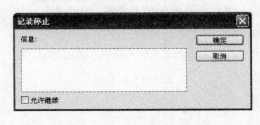

图 6.12　【记录停止】对话框

在【动作】面板菜单中选择【插入停止】命令，会弹出如图 6.12 所示的【记录停止】对话框，在"信息"文本框中可以输入文本内容作为显示暂停对话框时的提示信息，动作运行到这一步时就会弹出信息提示框，而该提示框中便显示出设定的文本内容。

6.1.10 插入路径

由于在记录动作时不能同时记录绘制路径的操作，因此 Photoshop 提供一种专门在动作中插入路径的命令。即先在【路径】面板中选定要插入的路径名，然后在【动作】面板中指定要插入的位置；最后在【动作】面板菜单中选择【插入路径】命令，即可在动作中插入一个路径，如图 6.13 所示。当用户回放该动作时，工作路径即被设置为所记录的路径。如果当前图像中不存在路径，则"插入路径"命令不可用。

图 6.13 在动作中插入路径

6.1.11 动作选项

【动作选项】功能可用于帮助用户修改动作的名称、功能键、颜色等属性。选中需要修改的动作后，执行【动作】面板菜单中的【动作选项】命令，弹出如图 6.14 所示的【动作选项】对话框，修改完成之后单击【确定】按钮即可。

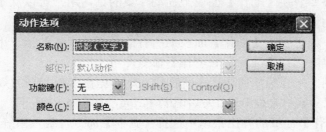

图 6.14 【动作选项】对话框

6.1.12 回放选项

【回放选项】对话框如图 6.15 所示，其中的各项作用如下。

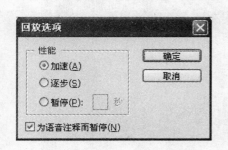

图 6.15 【回放选项】对话框

◆ 加速：为默认设置，以正常速度播放动作。

◆ 逐步：顺序完成每个命令并重绘图像，再执行下一个命令。

◆ 暂停：顺序输入执行各个命令后的暂停时间，其暂停时间由其后的文本框设置的数值决定，数值的变化范围是 1～60 秒。

◆ 为语音注释而暂停：可使动作遇到文件中的包含声音注释的动作时暂停，如果用户想在语音注释正在播放时继续动作，则取消选择该项。

6.1.13 管理动作

动作的管理包括复位动作、存储动作、载入动作、替换动作、清除全部动作等操作，具体方法如下。

复位动作：选择【动作】面板菜单中的【复位动作】命令，会出现【复位动作】对话框，单击【确定】按钮，即可将预先设置的动作替换当前窗口内的动作。如图 6.16 所示。若单击

【追加】按钮，可将预先设置的动作追加到当前的【动作】面板中。

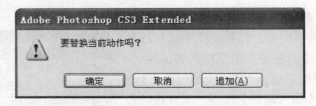

图 6.16 　【复位动作】对话框

存储动作：用户可将自定义的动作存储起来，先选取某个想要存储的动作集，再从【动作】面板的弹出菜单中选择【存储动作】命令，即可实现动作的存储，保存后的文件扩展名为.atn。

载入动作：如果要将已存储的动作集再次载入并且播放的话，用户可以从【动作】面板的弹出菜单中选择【载入动作】命令。在打开的对话框上选择即将载入的动作集，即可将存储的动作集载入到【动作】面板上。

替换动作：如果要替换【动作】面板上的动作集的话，用户可以从【动作】面板的弹出菜单中选择【替换动作】命令，即可将【动作】面板上的动作取代。

清除全部动作：如果要将【动作】面板上所有的动作集清除的话，用户可以直接从【动作】面板的弹出菜单中选择【清除所有动作】命令即可。

下面以一个小例子来介绍如何运用系统预设的动作做出卡角相框的效果，具体步骤如下。

步骤 1： 打开配套素材文件 06/相关知识/瀑布.jpg，如图 6.17 所示。

步骤 2： 在【动作】面板的弹出菜单中选择【画框】命令，载入系统预设的画框组命令。

步骤 3： 选择"画框"动作组中的"木质画框"动作，单击【动作】面板底部的【播放选中的动作】按钮，Photoshop 会自动逐步执行该动作中的所有操作，执行完毕之后，效果如图 6.18 所示。

图 6.17 　原始图片

图 6.18 　木质画框效果

任务实现

步骤 1： 新建一宽度为 10cm、高度为 5cm、分辨率 72dpi 的透明背景图像。

步骤 2： 新建一个图层"图层 2"，将其拖到最下方，用渐变工具填充一种渐变色作为背景。

步骤 3：选中"图层 1"，选择【圆角矩形】工具，设置"模式"为"填充像素"、"圆角半径"为"15"，画一个约 9cm 长的绿色圆角矩形，如图 6.19 所示。

步骤 4：按下【Ctrl+T】组合键进行自由变换，将其变形中心移动到控制框右侧，并按住【Ctrl+Shift+Alt】组合键（锁定中心等比例扭曲缩放）拖动工具右上角的调节点至如图 6.20 所示的形状。

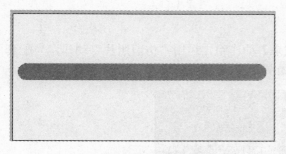

图 6.19　绿色的圆角矩形

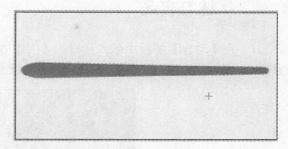

图 6.20　扇叶形状

步骤 5：按住【Ctrl】键单击【图层】面板中的【图层 1】加载该图层选区，选择【编辑】→【描边】命令，选择浅紫色进行描边，再用浅黄色进行描边。用椭圆工具在该图像上打上一些小孔（画椭圆选区再按删除键），并在作为扇子轴心的地方画一个红色圆形标记，完成一片扇叶的制作，如图 6.21 所示。

步骤 6：再次按【Ctrl+T】组合键，按住【Shift+Alt】组合键将该扇叶等比例缩小一半，放在编辑窗口的左下角。

步骤 7：打开【动作】面板，单击【创建新动作】按钮，在弹出的窗口中设置动作名称为【扇子】，功能键为 F2，单击【记录】按钮准备录制。

步骤 8：回到【图层】面板，拖动"图层 1"到【新建图层】按钮上，实现对【图层 1】的复制。

步骤 9：按【Ctrl+T】组合键进行自由变换，把控制中心移动到扇叶的红色轴心所在位置，再在顶部参数栏的角度【旋转】框输入"8"，将当前扇页绕红色轴心旋转一定角度。

步骤 10：回到【动作】面板，单击【停止录制】按钮，完成此次录制，此时动作记录中有两个步骤，如图 6.22 所示。

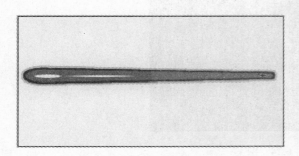

图 6.21　经过修饰后的扇叶

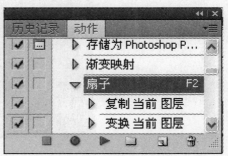

图 6.22　录制完成的动作

步骤 11：回到【图层】面板，按【F2】键，执行动作【扇子】，自动对最顶上的图层进行复制并旋转一定角度。

步骤 12：反复按【F2】键，继续复制出其他扇叶，直到制作出一把半圆形扇子为止，最终效果如图 6.1 所示。

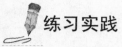

1. 在【动作】面板中载入预设的【图像效果】动作组，运用"仿旧照片"动作，为配套素材 06/案例/等待处理文件夹中所有图片加上如图 6.23 所示的效果。

图 6.23　仿旧照片效果

2. 运用渐变工具、描边工具、自由变换、【动作】面板等相关知识设计出如图 6.24 所示的图案效果。

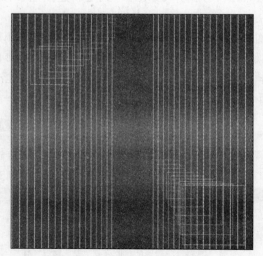

图 6.24　图案

任务 2　批量编辑图片

 任务描述

本案例主要通过自定义动作，对大量原始图像的大小进行调整并添加水印，实现图像的批处理，制作出整齐划一的效果，以便于使用。具体要求是，将待处理文件夹中的所有图片大小调整成宽度为 320 像素、高度为 240 像素，并在图片右下角添加"祖国河山　风景如画"字样的水印效果。待处理图片如图 6.25 所示。

图 6.25　待处理图片

相关知识

6.2.1　批处理

Photoshop 中提供的【批处理】功能可将需要使用相同操作的大批量图形文件的编辑工作交给计算机自动处理。比如，用户在实际的工作中常常需要转换图片的格式、图形的样式，或者制作一种特效字的效果等，如果用户一个一个进行处理的话，不仅速度慢，而且会因为许多参数的设置问题，从而影响整体的效果。如果要将一万幅 RGB 格式的图像全部进行去色处理，用户很清楚要将每一幅图像进行去色处理，都需要经过打开、转换、保存和关闭 4 步操作，那么一万幅就需要 4 万步操作，需耗费大量的时间和精力。然而，如果使用【批处理】动作功能进行转换，用户只需执行一步操作，Photoshop 就会自动地执行打开、转换、保存和关闭操作，直至全部图像转换完毕。

Photoshop 提供的批处理命令允许用户对一个文件夹内的所有文件和子文件夹批量输入并且自动执行动作，从而大幅度提高设计人员处理图像的效率。比如，用户要把某个文件夹内的所有图像的文本颜色模式转换为另一种颜色模式，那么就可以使用动作批处理成批地实现各图像文件的颜色模式转换。

在用户使用批处理命令之前，用户需要将要进行批处理的所有文件放在同一个文件夹内，如果需要将批处理后的文件存储在新的位置，则还需要建立一个新文件夹。

执行【文件】→【自动】→【批处理】命令，打开如图 6.26 所示的对话框。下面将详细介绍该对话框中的各项功能。

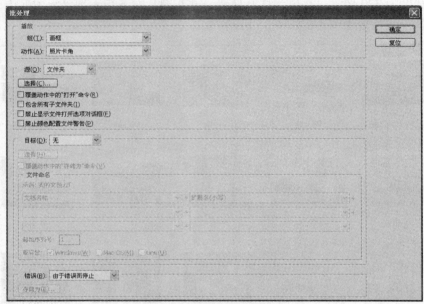

图 6.26　【批处理】对话框

◆ 组：用于显示【动作】面板中的所有动作组，打开该列表框即可进行选择。

◆ 动作：用于显示在序列列表框中选定的动作组中的所有动作。

◆ 源：用于指定图片的来源，当选择【文件夹】选项时，可单击【选择】按钮以指定图片文件夹的路径。

◆ 在【选择】按钮下面有 4 个复选框，这 4 个复选框是为【文件夹】选项设置的，其作用分别如下。

　◇【覆盖动作中的"打开"命令】复选框：在指定的动作中，若包含【打开】命令的话，在进行批处理操作时，就会自动跳过该命令。

　◇【包括所有子文件夹】复选框：指定的文件夹中若包含有子文件夹的话，也会一并执行批处理动作。

　◇【禁止显示文件打开选项对话框】复选框：表示在执行批处理操作时不弹出文件选项对话框。

　◇【禁止颜色配置文件警告】复选框：表示打开文件的色彩与原来定义的文件不同时，不弹出提示对话框。

当在【源】列表框中选择【导入】选项时，【批处理】对话框会有一些变化，此时可以在【自】列表框中设定扫描来源。

◆ 目标：用于设定执行完动作后文件保存的位置，其具体选项说明如下。

当选择【无】选项时，表示不保存。使用批处理命令选项保存文件时，它总是将文件保存为与原文件相同的格式。如果要使批处理命令将文件保存为新的格式，则需在录制的过程中，记录【保存为】或【保存副本】命令，并记录关闭命令为原动作的一部分。然后，在设置批处理时对目标选取【无】即可。

当选择【存储并关闭】选项时，表示执行批处理命令后的文件以原文件名保存后关闭。

当选择【文件夹】选项时，表示指定处理后生成的目标文件保存到指定的文件夹里，单击下面的【选择】按钮，可以选择目标文件所在的文件夹。

当选中【覆盖动作中的"打开"命令】选项时，表示指定生成目标文件时覆盖动作保存在命令中。选择该项可以确保进行批处理操作后，文件被保存在指定的目标文件夹内，而不会保存到使用【保存为】或【保存副本】命令来记录的位置。

◆ 错误：用于指定批处理过程中产生错误时的操作，其具体选项说明如下。

当选择【由于错误而停止】选项时，则在批处理的过程中会弹出出现错误的提示信息，与此同时中止动作继续往下执行。

当选择了【将错误记录到文件】选项时，则在批处理的过程中出现错误时，动作还是继续往下执行，不过 Photoshop 将会把出现的错误记录下来，并保存到文件夹中。

当设置完毕，单击【确定】按钮即可以进行批处理了。当执行【批处理】命令时，如想要中止它，则按下 Esc 键即可。用户也可以将【批处理】命令录制到动作中，这样可以将多个动作组合到一个动作中，从而一次性地执行多个动作。

6.2.2 创建快捷批处理

快捷批处理实际上是一个包含动作命令的应用程序。建立快捷批处理图标后，只要将图像或文件夹拖动到该图标上，即可对图像进行自动处理。

执行【文件】→【自动】→【创建快捷批处理】命令，打开【创建快捷批处理】对话框，如图 6.27 所示。

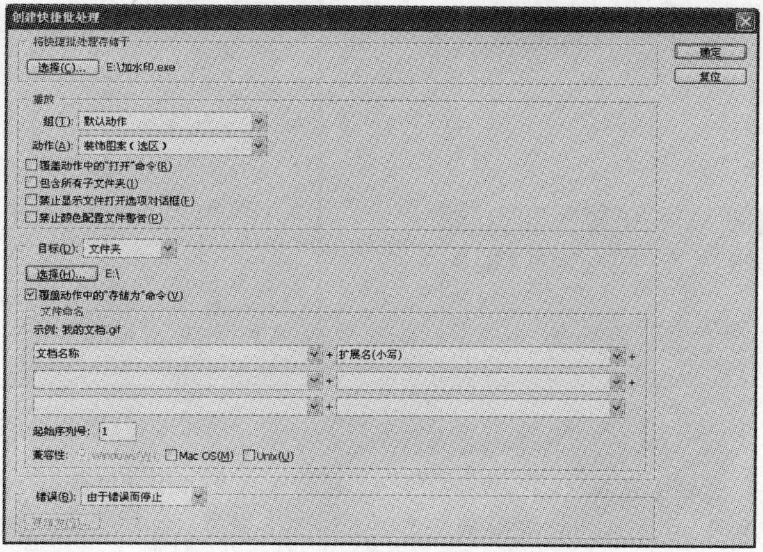

图 6.27 【创建快捷批处理】对话框

可单击"将快捷批处理存储于"部分中的【选择】按钮,指定存储快捷批处理的位置及名称,其余选项的设置方法与上一单元中【批处理】对话框中的基本相同,这里不再赘述。

创建完成后,快捷批处理的图标会出现在指定的文件夹中。快捷批处理的特点是用户不必打开 Photoshop 软件就可以对需要处理的图像进行快捷批处理了。直接把需要处理的文件拖到快捷批处理的图标上,而无须设置参数或任何操作就可以进行批处理动作。如果拖动的是文件夹,那么就可以对文件夹中的所有文件进行批量处理。

任务实现

步骤 1:先准备两个文件夹,一个存放将要处理的图片;另一个是空文件夹,用来存放处理好的图片。

步骤 2:在 Photoshop 中打开配套素材文件 06/案例/等待处理/01.jpg,也可以选择其他的图片文件(可选择【图像】→【图像大小】命令,查看到该图片当前大小为:宽 400 像素、高 268 像素)。

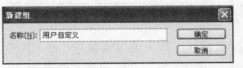

图 6.28 【新建组】

步骤 3:在【动作】面板中,单击底部的【创建新组】按钮,创建一个新组,可修改名称为任意,如图 6.28 所示。

步骤 4:在【动作】面板中,选择【用户自定义】组,单击底部的【创建新动作】按钮创建一个新动作,设置"名称"为"批量修改图片大小"、"组"为"用户自定义"、"功能键"为"Shift+F2"、"颜色"为"红色",如图 6.29 所示,单击【记录】按钮即可开始录制后续的所有操作。

步骤 5:选择【图像】→【图像大小】命令,弹出【图像大小】对话框,将"约束比例"前面的勾选去掉,设置宽度为 320 像素、高度为 240 像素,如图 6.30 所示,单击【确定】按钮。

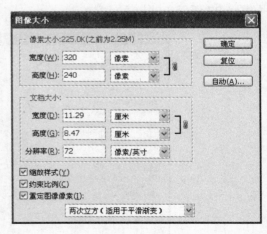

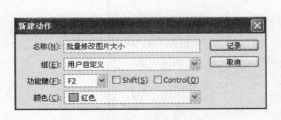

图 6.29 【新建动作】对话框   图 6.30 【图像大小】对话框

步骤 6:在工具箱中选择【横排文字工具】,设置字体为"华文楷体"、字号为"24 点"、颜色为"#FFFF00",在图片的右下角输入文字"祖国山水风景如画",设置文字图层的混合模式为"叠加",此时【图层】面板如图 6.31 所示,文字效果如图 6.32 所示。

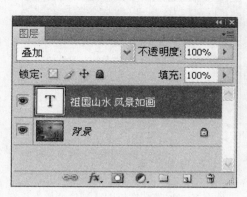

图 6.31　【图层】面板

图 6.32　文字效果

步骤 7：为文字图层添加文字变形效果，样式为"扇形"、弯曲为"+22%"，如图 6.33 所示，文字效果如图 6.34 所示。

图 6.33　【变形文字】对话框

图 6.34　变形后的文字效果

步骤 8：选择【文件】→【存储为】命令，弹出【存储为】对话框，为文件命名，单击【保存】按钮，弹出【JPEG 选项】对话框，设置"品质"参数，如图 6.35 所示，单击【确定】按钮即可。

步骤 9：关闭所打开的图片文件，此时在【动作】面板中，可以看到刚刚所做的每一个步骤都已经被记录下来了，如图 6.36 所示。单击面板底部的【停止/播放记录】按钮来停止动作的录制。

步骤 10：至此，已经完成了一张图片的大小调整操作，并利用动作记录将所有的步骤录制下来，下面就可以运用刚刚录制完成的动作批量处理图片了。

步骤 11：选择【文件】→【自动】→【批处理】命令，弹出【批处理】对话框，如图 6.37 所示。在该对话框中，选择"组"为"用户自定义"、"动作"设为"批量修改图片大小"、"源"设为"文件夹"、"目标"设为"文件夹"，单击"源"下面的【选择】按钮，指定需要处理的图片所在的文件夹，单击"目标"下面的【选择】按钮，指定处理后的图片所存放的文件夹，选中"覆盖动作中的'存储为'命令"选项，设置完成后，单击【确定】按钮即可自动批处理源文件夹中的所有图片文件。

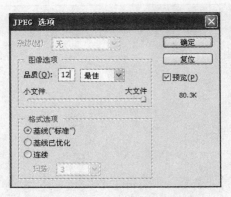

图 6.35 【JPEG 选项】对话框

图 6.36 记录动作后的【动作面板】

也可以选择【文件】→【自动】→【创建快捷批处理】命令来创建快捷批处理文件，具体设置跟设置【批处理】类似。

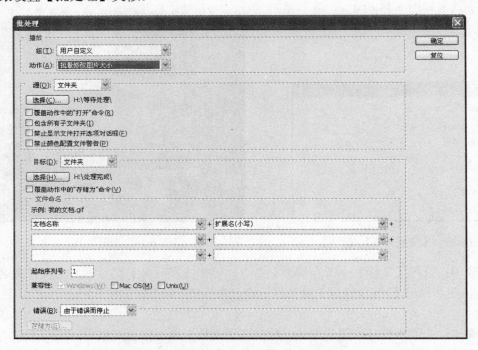

图 6.37 【批处理】对话框

 练习实践

创建批处理或快捷批处理文件，要求给素材文件夹 06/案例/等待处理文件夹中的所有图片加上如图 6.38 所示的细雨效果。

图 6.38　细雨效果

学习情境七　图像综合设计

教学目标

1. 了解实物模型的设计方法；
2. 了解特效创意的设计方法。

任务1　戒指

任务描述

本案例讲解的是戒指实物模型的制作，本案例没有任何素材图片做辅助，完全属于手绘制作。案例的重点在于戒指外观形状、色泽及镂空的装饰花纹的制作。首先利用【椭圆工具】、图层混合模式及【曲线】命令制作出戒指的外观形状及色泽，然后利用【路径工具】绘制出戒指上的装饰花纹图案，再经过处理制作出镂空效果。另外利用文字工具及浮雕效果制作戒指内侧的文字效果。最后再以渐变背景衬托出戒指的华贵，最终效果如图7.1所示。

图 7.1　戒指

任务实现

步骤1： 新建文件，大小为"800×600"像素，分辨率为"200像素/英寸"，RGB模式，背景为"透明"。

步骤2： 用【椭圆选框工具】绘制一个椭圆，并填充黑色，如图7.2所示。

242

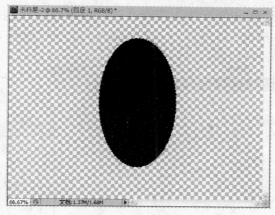

图 7.2　椭圆效果

步骤 3：按【Ctrl】键，单击【图层】面板中图层 1 的缩略图，调出椭圆选区，执行【选择】→【修改】→【收缩】命令，设置收缩量为"23"，如图 7.3 所示，单击【确定】按钮。此时，图像效果如图 7.4 所示。

图 7.3　【收缩选区】对话框

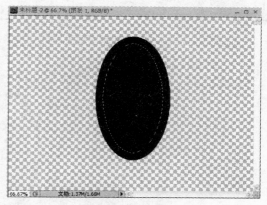

图 7.4　收缩选区

步骤 4：选择【选框工具】选项，利用键盘上的方向键将选区向左上方移动，然后按【Delete】按钮，将选区内容删除，效果如图 7.5 所示。该步骤是为以后的透视效果做基础的。

图 7.5　图像效果

步骤 5：复制当前图层，形成"图层 1 副本"层，在该图层上选择图层样式中的【斜面和浮雕】样式，按照图 7.6 所示进行设置。"光泽等高线"的设置如图 7.7 所示。单击【确定】按钮，此时图像效果如图 7.8 所示。

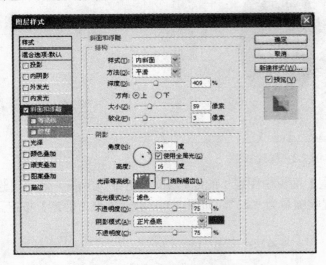

图 7.6　【斜面和浮雕】样式

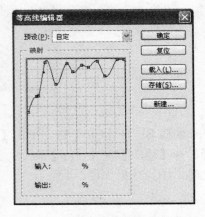

图 7.7　【等高线编辑器】对话框

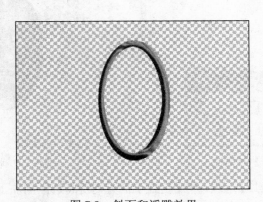

图 7.8　斜面和浮雕效果

步骤 6：新建图层 2，同时选中"图层 2"与"图层 1 副本"，将两个图层合并，如图 7.9 所示。这样原来椭圆图层样式就没有了，并且保留了执行图层样式后的效果，如图 7.10 所示。

图 7.9　合并图层

图 7.10　合并图层效果

步骤7： 对图层2进行曲线的调整，执行【图像】→【调整】→【曲线】命令，弹出【曲线】对话框，具体设置如图7.11所示。单击【确定】按钮，此时图像效果如图7.12所示。

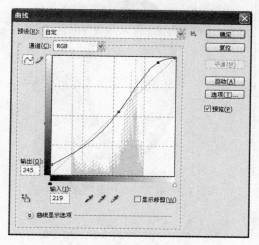

图7.11　【曲线】对话框

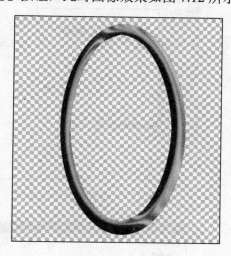

图7.12　图像效果

步骤8： 按【Ctrl】键，单击图层面板中图层2的缩略图，调出椭圆选区，然后选择【移动工具】选项，按【Alt】键的同时按键盘上的方向键，使选区向左移动，这样就会把调整好的椭圆环向左复制若干到合适的宽度，然后取消选区，此时图像效果如图7.13所示。

步骤9： 接下来要将戒指调整成金黄色，切换至【通道】面板，选择蓝色通道，如图7.14所示。执行【图像】→【调整】→【曲线】命令，弹出【曲线】对话框，选择"蓝"色通道，按照图7.15所示进行设置，单击【确定】按钮，此时图像效果如图7.16所示。

步骤10： 在【曲线】对话框，选择"红"色通道，按照图7.17所示进行设置，单击【确定】按钮，此时图像效果如图7.18所示。

图7.13　图像效果

图7.14　选择蓝色通道

245

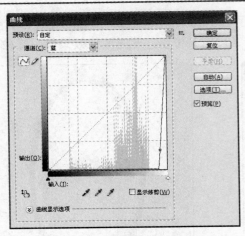

图 7.15　调整蓝色通道曲线

图 7.16　图像效果

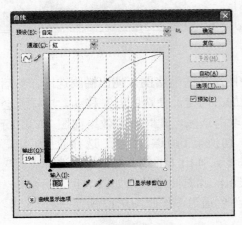

图 7.17　调整红色通道曲线

图 7.18　图像效果

步骤 11：在图层 2 上，用钢笔工具绘制一个装饰花纹路径，切换至【路径】面板，单击下方的"将工作路径转换为选区"按钮 ，再按【Delete】键，将选区内容删除，这样能使花纹部分镂空，此时图像效果如图 7.19 所示。

步骤 12：新建图层，命名为"厚度"，置于图层 2 下方，用钢笔工具绘制出镂空的厚度，转换成选区，并填充为深咖啡色，效果如图 7.20 所示。

图 7.19　装饰花纹

图 7.20　镂空的厚度

步骤 13：选择【减淡工具】，其工具选项栏的设置如图 7.21 所示。利用【减淡】工具对厚度部分进行反光面的处理，让厚度有反光的感觉，避免生硬。处理后的效果如图 7.22 所示。

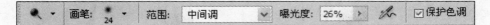

图 7.21 工具选项栏

图 7.22 减淡效果

步骤 14：选择【竖排文字工具】，在图像中随意输入一些字母，工具选项栏设置如图 7.23 所示。此时得到一个文字图层，并命名为"字母"，图像效果如图 7.24 所示。

步骤 15：在文字工具的工具选项栏中选择"变形文字"按钮 ，弹出【变形文字】对话框，按照图 7.25 所示进行设置，颜色为"#8B450A"。单击【确定】按钮，得到的图像效果如图 7.26 所示。

图 7.23 工具选项栏

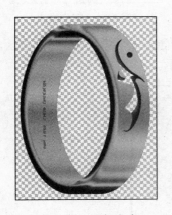

图 7.24 添加文字

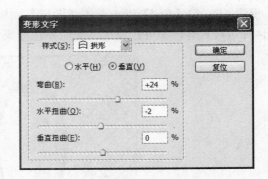

图 7.25 【变形文字】对话框

步骤 16：选中"字母"图层，按【Ctrl+T】组合键，稍微旋转一点角度，并将字母移至合适的位置，此时图像效果如图 7.27 所示。

图 7.26　文字变形效果

图 7.27　图像效果

步骤 17：右击"字母"图层，在弹出的菜单中选择【删格化文字】命令，将文字删格化，对该图层应用图层样式，选择【斜面和浮雕】样式，各项参数的设置如图 7.28 所示，其中阴影模式颜色设置为"#8B450A"，单击【确定】按钮，图像效果如图 7.29 所示。

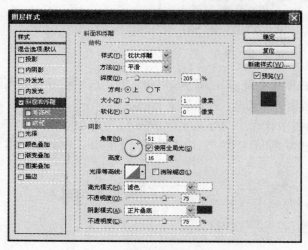

图 7.28　【斜面和浮雕】样式

图 7.29　图像效果

步骤 18：按【Ctrl】键，单击【图层】面板中图层 2 的缩略图，调出图层 2 的选区，按【Ctrl+Shift+I】组合键进行反选，此时图像效果如图 7.30 所示。

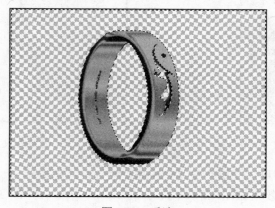

图 7.30　反选

步骤 19：选择【磁性套索工具】，并在工具选项栏中单击【与选区交叉】按钮 ◙，用【磁性套索工具】选择装饰花纹部分，得到装饰花纹的选区，图像效果如图 7.31 所示。

步骤 20：新建图层，按【Ctrl+Shift+Alt+E】组合键，盖印可见图层，并命名为"戒指"，此时【图层】面板的状态如图 7.32 所示。

步骤 21：将除"戒指"图层以外的所有图层隐藏，选择"戒指"图层，用【移动工具】将"戒指"移至画布偏左的位置，如图 7.33 所示。

图 7.31 花纹选区

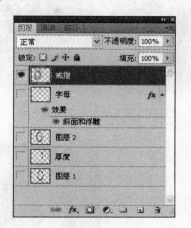

图 7.32 移动选区

图 7.33 戒指位置

步骤 22：新建图层，将其移至最下方，作为背景层，命名为"背景"，选择【渐变工具】，为背景层填充黑白渐变色，工具选项栏设置如图 7.34 所示，图像效果如图 7.35 所示。

图 7.34 工具选项栏

步骤 23：复制"戒指"图层，命名为"倒影"，执行【编辑】→【变换】→【垂直翻转】命令，将图层的混合模式设置为"柔光"，不透明度为"85%"，并将该图层的图像移至画布的下方，【图层】面板如图 7.36 所示，该步骤目的在于做出倒影效果，效果如图 7.37 所示。

图 7.35　渐变背景

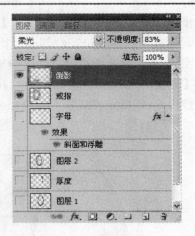

图 7.36　【图层】面板

图 7.37　倒影效果

步骤 24：选择【橡皮擦工具】，工具选项栏设置如图 7.38 所示。选择"倒影"层，用【橡皮擦工具】在画布的下方稍微进行擦拭，得到的图像效果如图 7.39 所示。

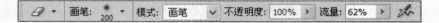

图 7.38　工具选项栏

图 7.39　图像效果

步骤 25：选择【横排文字工具】，工具选项栏设置如图 7.40 所示。输入英文 "Eternal"，效果如图 7.41 所示。

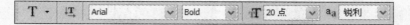

图 7.40　工具选项栏

步骤 26：选择 "戒指" 图层，利用【磁性套索工具】将装饰花纹图像选中，如图 7.42 所示。新建图层，命名为 "小花纹"，将选区填充为 "白色"，取消选择。

图 7.41　文字效果

图 7.42　创建花纹选区

步骤 27：选择 "小花纹" 图层，用【移动工具】将 "小花纹" 图像移至文字上方，再按【Ctrl+T】组合键，将其进行旋转，得到图像的效果如图 7.43 所示。

图 7.43　图像效果

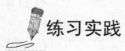 练习实践

参考本案例的设计过程及相关知识点设计出类似的效果。

任务 2　鼠标创意

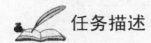
任务描述

本案例讲解的是"鼠标创意"广告的设计，属于利用多幅图像进行合成处理的综合案例。主要分为三个部分的设计，包括"鼠标"和"汽车"素材的合成、背景图像的合成，以及 LOGO 文字的设计。最终效果如图 7.44 所示。

图 7.44　合成效果

任务实现

步骤 1：新建文件，命名为"鼠标创意.psd"，大小为"1024×768"像素，分辨率为"200"像素，RGB 模式，背景为"透明"。

步骤 2：打开配套素材文件 07/案例/鼠标素材.jpg，利用【移动工具】将图像移动到"鼠标创意.psd"文件中，得到图层 2，将其重命名为"鼠标"。

步骤 3：选择"鼠标"图层，选择【编辑】→【变换】→【缩放】命令，等比例缩小"48%"，再选择【编辑】→【变换】→【水平翻转】命令，此时图像效果如图 7.45 所示。

步骤 4：利用【磁性套索工具】将鼠标选中，再按【Ctrl+Shift+I】组合键反选，按【Delete】键，将选区内容删除，取消选择，只留下"鼠标"部分，效果如图 7.46 所示。

步骤 5：选择"鼠标"图层，按【Ctrl+T】组合键，再按住【Ctrl】键，可对四个角的变化点进行透视调整，削弱扁平感。如图 7.47 所示。双击鼠标，图像变形结束。此时图像效果如图 7.48 所示。

图 7.45　图像效果

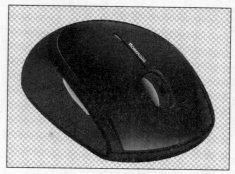

图 7.46　删除多余部分

图 7.47　变形

图 7.48　鼠标效果

步骤 6：利用【磁性套索工具】将鼠标上的文字部分框选，如图 7.49 所示。再选择【仿制图章工具】，按住【Alt】键在文字右侧的区域中取样，再用取样的图像将文字覆盖掉，效果如图 7.50 所示。先进行框选的目的是为了防止使用图章工具时破坏掉鼠标中间的分界线。

图 7.49　框选

图 7.50　去掉文字

步骤 7：选择【图像】→【调整】→【曲线】命令，按照图 7.51 所示进行设置，单击【确定】按钮，此时图像效果如图 7.52 所示。

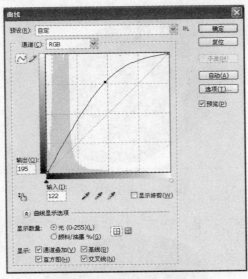

图 7.51 【曲线】对话框

图 7.52 图像效果

步骤8：打开配套素材文件 07/案例/汽车素材.jpg，如图 7.53 所示。利用【钢笔工具】将汽车的后轮胎勾勒出来，按【Ctrl+Enter】组合键，将其转换成选区，如图 7.54 所示。

步骤9：将抠取到的后轮胎移动到"鼠标创意.psd"文件，得到图层 3，将图层重命名为"后轮胎"。选择"后轮胎"图层，按【Ctrl+T】组合键，再按住【Ctrl】键，进行四个角的透视变形调整，使轮胎大小位置和鼠标进行合理拼合，效果如图 7.55 所示。

图 7.53 汽车素材

图 7.54 选择后轮

步骤10：选择【图像】→【调整】→【曲线】命令，按照图 7.56 所示进行设置，使后轮胎提亮颜色，与鼠标颜色相紊合，图像效果如图 7.57 所示。

步骤11：选择【橡皮擦】工具，硬度为"0%"，将不透明度和流量分别设为"58%"、"57%"左右，对后轮胎周边进行慢慢擦除，使其和鼠标基本融合。图像效果如图 7.58 所示。

图 7.55　安放后轮胎

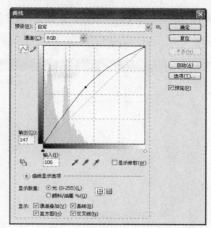

图 7.56　【曲线】对话框

图 7.57　调节曲线后效果

图 7.58　图像效果

步骤 12：返回到"汽车素材.jpg"文件，用【钢笔工具】将汽车的前轮胎勾勒出来，按【Ctrl+Enter】组合键，将其转换成选区，如图 7.59 所示。

步骤13：将抠取到的前轮胎移动到"鼠标创意.psd"文件，将图层重命名为"前轮胎"。选择"前轮胎"图层，按【Ctrl+T】组合键，再按住【Ctrl】键，进行四个角的透视变形调整，使轮胎大小位置和鼠标进行合理拼合，效果如图 7.60 所示。

图 7.59　选择前轮胎

图 7.60　安放前轮胎

步骤 14：选择【图像】→【调整】→【曲线】命令，按照图 7.61 所示进行设置，使前轮胎提亮颜色，与鼠标颜色相紊合，图像效果如图 7.62 所示。

步骤 15: 选择【橡皮擦】工具，硬度为"0%"，将不透明度和流量分别设为"58%"、"57%"左右，对前轮胎周边进行慢慢擦除，使其和鼠标基本融合。图像效果如图 7.63 所示。

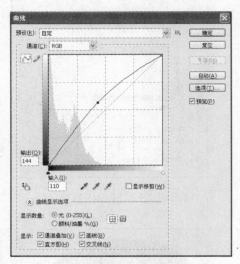

图 7.61 【曲线】对话框

图 7.62 调节曲线后效果

图 7.63 图像效果

步骤 16: 返回到"汽车素材.jpg"文件，用【钢笔工具】将汽车的左车灯勾勒出来，按【Ctrl+Enter】组合键，将其转换成选区，如图 7.64 所示。

步骤 17: 将抠取到的左车灯移动到"鼠标创意.psd"文件，将图层重命名为"左车灯"。选择"左车灯"图层，按【Ctrl+T】组合键，再按住【Ctrl】键，进行四个角的透视变形调整，使轮胎大小位置和鼠标进行合理拼合，效果如图 7.65 所示。

图 7.64 选择车灯

图 7.65 放置车灯

步骤 18：选择【图像】→【调整】→【亮度/对比度】命令，按照图 7.66 所示进行设置，单击【确定】按钮，图像效果如图 7.67 所示。

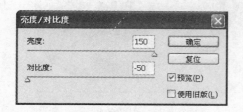

图 7.66 【亮度/对比度】对话框

图 7.67 图像效果

步骤 19：选择【图像】→【调整】→【色相/饱和度】命令，按照图 7.68 所示进行设置，单击【确定】按钮，图像效果如图 7.69 所示。

图 7.68 【色相/饱和度】对话框

图 7.69 图像效果

步骤 20：复制"左车灯"图层得到车灯副本，重命名为"右车灯"，选择【编辑】→【变换】→【水平翻转】，然后按【Ctrl+T】组合键，再按住【Ctrl】键，进行四个角的透视变形调整，调整到如图 7.70 所示的位置。

图 7.70 图像效果

步骤 21：将两个车灯图层合并，重命名为"车灯"，复制合并后的图层，图层混合模式为"线性减淡"，不透明度设置为"32%"，如图 7.71 所示，图像效果如图 7.72 所示。

图 7.71　图层模式

图 7.72　图像效果

步骤 22：分别打开配套素材文件 07/案例/草原.jpg、公路.jpg，再用【移动工具】将两幅图像移动到"鼠标创意.psd"文件中，得到两个图层，分别命名为"草原"和"公路"，"草原"层在下，"公路"层在上，并将"草原"层及"公路"层适当放大。

步骤 23：选择"公路"图层，利用【钢笔工具】抠取出公路部分，按【Ctrl+Enter】组合键，转换成选区，再按【Ctrl+Shift+I】组合键进行反选，按【Delete】键，删除多余的内容，效果如图 7.73 所示。

步骤 24：将"公路"图层稍向右上方移动，给以后鼠标的位置做好铺垫，如图 7.74 所示。

图 7.73　图像效果

图 7.74　移动图层

步骤 25：用【图章工具】分别对"草原"和"公路"图层进行修改，得到如图 7.75 所示的效果。

步骤 26：将"公路"和"草原"图层合并，命名为背景，用【套索工具】选中下面的公路部分，羽化"60"像素，如图 7.76 所示，再执行【滤镜】→【锐化】→【锐化】命令，使近处公路的颗粒感加强。图像如图 7.77 所示。

步骤 27：复制"背景"图层，图层混合模式设为"叠加"，不透明度为"25%"。如图 7.78 所示。

图 7.75 图像效果

图 7.76 羽化选区

图 7.77 锐化效果

图 7.78 图层模式

步骤 28：按【Ctrl+A】组合键全选，切换至【通道】面板，复制"背景副本"层的红色通道，再切换至【图层】面板进行粘贴，并将图层命名为"红通道"。混合模式设置为"强光"，不透明度设置为"35%"，如图 7.79 所示。此时图像效果如图 7.80 所示。因为红色通道天空部分最暗，此操作可将天空压暗的同时加大对比度，并提高云彩的亮度。

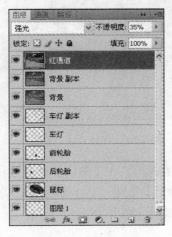

图 7.79 图层模式

图 7.80 图像效果

259

步骤 29：将复制过来的"红通道"、"背景副本"、"背景"图层合并，重命名为"背景"图层。执行【图像】→【调整】→【曲线】命令，将蓝色通道进行曲线的调整，按照图 7.81 所示进行设置，单击【确定】按钮，图像效果如图 7.82 所示。

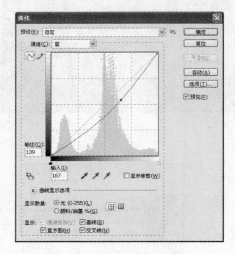

图 7.81　【曲线】对话框

图 7.82　图像效果

步骤 30：将"前轮胎"、"后轮胎"、"车灯"和"车灯 副本"图层合并，将"背景"图层隐藏。新建图层，命名为"鼠标合成"，按【Ctrl+Shift+Alt+E】组合键盖印可见图层。如图 7.83 所示。

步骤 31：显示被隐藏的"背景"图层，将"鼠标合成"图层的图像缩小置于如图 7.84 所示的位置。

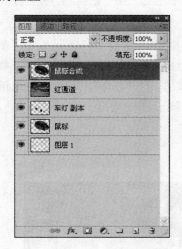

图 7.83　【图层】面板

图 7.84　图像效果

步骤 32：选择"鼠标合成"图层，执行【图像】→【调整】→【曲线】命令，将蓝色通道进行曲线的调整，按照图 7.85 所示进行设置，单击【确定】按钮，这样可以压暗蓝色通道，使合成的鼠标色调能够和背景色相融合。此时图像效果如图 7.86 所示。

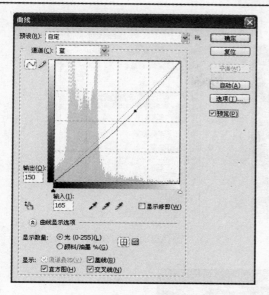

图 7.85　【曲线】对话框

图 7.86　图像效果

步骤 33：复制鼠标合成图层，得到"鼠标合成副本"，执行【滤镜】→【模糊】→【动感模糊】命令，按照图 7.87 所示进行设置，单击【确定】按钮，此时图像效果如图 7.88 所示。

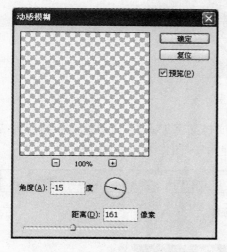

图 7.87　【动感模糊】对话框

图 7.88　图像效果

步骤 34：将模糊过的"鼠标合成副本"图层稍向鼠标后方移动，用"硬度"为"0%"的【橡皮擦】工具擦掉多余的部分，让后面的模糊动感和清晰的鼠标融合。图像效果如图 7.89 所示。

步骤 35：在"鼠标合成"图层下面建立一个新层，命名为"投影"，用【套索工具】创建选区，羽化值为"10"，填充黑色，图层混合模式为"正片叠底"，不透明度为"52%"左右，如图 7.90 所示。此时图像效果如图 7.91 所示。

图 7.89　图像效果

图 7.90　图层模式

图 7.91　投影效果

步骤 36：取消选择。接下来制作文字。选择【横排文字工具】，工具选项栏按照图 7.92 所示进行设置。输入文本"给您从来没有过的心旷神怡"。图像效果如图 7.93 所示。

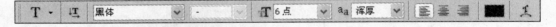

图 7.92　工具选项栏

图 7.93　文字效果

步骤 37： 新建图层，命名为"logo"，选择【自定形状工具】，工具选项栏按照图 7.93 所示进行设置，在画布的右下方绘制自定形状，至此"鼠标汽车"实例制作完毕。图像最终效果如图 7.43 所示。

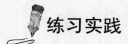练习实践

参考本案例的设计过程及相关知识点设计出类似的效果。

反侵权盗版声明

　　电子工业出版社依法对本作品享有专有出版权。任何未经权利人书面许可，复制、销售或通过信息网络传播本作品的行为，歪曲、篡改、剽窃本作品的行为，均违反《中华人民共和国著作权法》，其行为人应承担相应的民事责任和行政责任，构成犯罪的，将被依法追究刑事责任。

　　为了维护市场秩序，保护权利人的合法权益，我社将依法查处和打击侵权盗版的单位和个人。欢迎社会各界人士积极举报侵权盗版行为，本社将奖励举报有功人员，并保证举报人的信息不被泄露。

举报电话：（010）88254396；（010）88258888

传　　真：（010）88254397

E-mail：　 dbqq@phei.com.cn

通信地址：北京市万寿路 173 信箱

　　　　　电子工业出版社总编办公室

邮　　编：100036

《中文版 Photoshop 情境实训教程》读者意见反馈表

尊敬的读者：

感谢您购买本书。为了能为您提供更优秀的教材，请您抽出宝贵的时间，将您的意见以下表的方式（可从 http://www.hxedu.com.cn 下载本调查表）及时告知我们，以改进我们的服务。对采用您的意见进行修订的教材，我们将在该书的前言中进行说明并赠送您样书。

姓名：_____ 电话：_____

职业：_____ E-mail：_____

邮编：_____ 通信地址：_____

1. 您对本书的总体看法是：

  □很满意   □比较满意   □尚可   □不太满意   □不满意

2. 您对本书的结构（章节）：□满意 □不满意 改进意见_____

_____

3. 您对本书的例题：   □满意   □不满意   改进意见_____

_____

4. 您对本书的习题：   □满意   □不满意   改进意见_____

_____

5. 您对本书的实训：   □满意   □不满意   改进意见_____

_____

6. 您对本书其他的改进意见：

_____

_____

_____

7. 您感兴趣或希望增加的教材选题是：

_____

_____

_____

请寄：**100036   北京市万寿路 173 信箱高等职业教育分社   收**

电话：**010–88254565**   E-mail：**gaozhi@phei.com.cn**